女性觉醒指南

成为不被他人定义的女性

周丽瑗 — 著

中国纺织出版社有限公司
国家一级出版社　全国百佳图书出版单位

内 容 提 要

身为当代女性，面对种种责任和内心冲突时，我们总希望自己能有力量做出对自己未来正确的选择。但前提是我们需要分清哪些是深入我们潜意识的如影随形的规训。

本书通过4个生动的女性成长故事，从心理学的角度诠释女性所处的四大困境问题，并试图指出一条符合当代女性的心理成长路径。在女性觉醒这条路上，你并不孤单。拨开迷雾，发现真正的自己，彼此帮助，才是真正的女性力量。

图书在版编目（CIP）数据

女性觉醒指南：成为不被他人定义的女性／周丽瑗著．--北京：中国纺织出版社有限公司，2023.10
ISBN 978-7-5229-0632-4

Ⅰ.①女… Ⅱ.①周… Ⅲ.①女性—人生哲学—通俗读物 Ⅳ.①B821-49

中国国家版本馆CIP数据核字（2023）第098533号

责任编辑：刘 丹 责任校对：楼旭红 责任印制：储志伟

中国纺织出版社有限公司出版发行
地址：北京市朝阳区百子湾东里A407号楼 邮政编码：100124
销售电话：010—67004422 传真：010—87155801
http://www.c-textilep.com
中国纺织出版社天猫旗舰店
官方微博 http://weibo.com/2119887771
天津千鹤文化传播有限公司印刷 各地新华书店经销
2023年10月第1版第1次印刷
开本：880×1230 1/32 印张：7
字数：140千字 定价：58.00元

凡购本书，如有缺页、倒页、脱页，由本社图书营销中心调换

序

你如何定义自己的女性身份

-你怎么看待女性-

不知道你是出于怎样的好奇打开这本书的？我想你很可能是位女性，而且对活出自己有些迷惑或者好奇；当然也可能是位非常尊重女性的男性朋友。在开始阅读本书之前，我很想问一下，你是怎么看待女性这个角色，或者你认为女性应该是什么样子的？

我有一次上课给学生讲非暴力沟通，在提到女性可以将内在的感受和需要表达出来的时候，有位女同学本能地说："哦，老师，你在说我们女人要懂得示弱，对吧？"

请问，你听到这句话心里有什么感觉？

因为非暴力沟通的重点技巧在于温和而坚定地表达自己的感受和需要，而听了这位女同学的话我的反应是：当一个女人温柔地说话时，她能在关系中建立良好的沟通，这样是在显示自己的"弱"。而当一个男人温柔地说话时，同样会在沟通中达到良好的效果啊，为什么没有人会说男人在"示弱"呢？

-主流社会的"女性标准"-

女性应该是什么样的,或者说什么样的女性是受欢迎的,是不是在你心里有一个模糊的答案?"女人应该是感性的、情绪化的、温柔的、细腻的",这些本应该是女性优势的部分,好像都被刻板化成衡量女人的首要标准,并得到了社会的推崇,甚至是取悦男人的标准。

想想看,这是不是主流社会认为女人应该有的样子,甚至是你心里也默认的理想女人的标准?

但你有没有思考过,这个标准从何而来?

我们身边总有声音潜移默化地告诉每一个小女孩,你出生后应该喜欢洋娃娃,喜欢粉红色,应该学会温柔善良,并且要努力学习,这些都是为了以后可以嫁个好人家。好像女人天生就应该以一个从属的、温顺的、照顾他人的形象而存在。

但长大后我们发现,一个女人的气质,可以是温柔的,也可以是坚韧的;可以是柔顺的,也可以是强势的。而单一化和标签化女人的气质,就如同把一个丰富多彩的世界硬生生地涂成黑白两色一样,平庸而无聊。

再说"温柔"这个标准,好像和我们的体验也不相符。女人温柔好不好?

两情相悦时,温柔很好;

关爱孩子时,温柔也很好;

遭遇家暴时,温柔就不好了。

到底女人怎样才算好?根本没办法用一刀切的标准来衡量。或者说,外界可以对女性有一个一刀切的标准,但我们身为女性,要为自己考虑：这个标准真的在为我考虑吗？对我而言是有利的吗？

当主流在主张一种统一的"女性标准"的时候，我希望你可以在自己心里对标准有个追问：这个所谓的标准，我自己享受吗？

-女性是如何养成的-

当大家脑中有了这个警醒，接下来我就来跟你谈谈女性是如何养成的。其实，女人并不天然就是女人，她在很大程度上就是被社会"教育"出来的。

拿我自己来说，我对"女性要活出自己，但又不敢活出自己"这一点特别有感触。

由于家庭的原因，我从幼时开始就在上海定居。大家也都知道上海是一个多么讲究自由平等和尊重女性的城市，所谓的海派文化里面有很大一部分就是强调女性的优势地位。

可是我的父母、我的整个家族，却是受地地道道的山东文化熏陶出来的。在这样的一个海派文化的大背景下，我接受的是来自父母对我的儒家传统教育，尤其是我的母亲。我的母亲是一位非常传统、善良、肯为人付出的女性，在她身上集结了很多传统美德，也包括传统文化对女性角色的定义。我从小就是一个爱读书的孩子，但是我妈妈对我说得最多的一句话就是："读书差不多就行了，最关键的是要嫁得好。"虽然母亲这样教育我，但我外在接受的是女性平等的文化熏陶，因而在反抗母亲的路上一路狂奔，无论是晚婚还是读到博士。当然，这些依然无法抹平母亲给我内化的教育，在我的内心，仍然住着一个自我价值不高的小女孩。

你有没有类似的感触呢？因为没有达到妈妈对你的期待，所以内心某个角落隐隐觉得：我还是不够好。

我还记得在我从事第一份工作的时候，有一位像大哥哥一样的前辈，在工作中对我悉心提点，让当时对职场规则一片空白的我很快厘清思路，顺利完成了工作。我对他相当认同和敬重。但是直到前不久，我跟我朋友聊起这位大哥哥的时候，才意识到这位大哥哥说的一句话深刻地影响了我。

那时候作为20岁出头的姑娘，身边总是会有几个探头探脑的追求者。当我还在细心考察的时候，这位大哥哥对我说："你就是一个非常普通的姑娘，你不要把自己想得太好，有人要已经不错了。"

直到现在想起这句话，还能记得我当时的心理反应，那种感觉是："天啊，我原来如此普通，我真的不应该自我感觉太好了。"于是，我在恋爱过程中，总是会无意识地把优秀的人给推开，留下一些条件并不如我的男人。

当然现在回过头去看，我并不是要怪罪那位大哥哥。因为像"你不够好，你不优秀，你再怎么努力都不如男人"这样的话，最初的种子并不源于他，严格来说也不完全来自我母亲，而是来自社会文化。

我现在有了更加丰富的经历，也将支离破碎的自我慢慢拼凑了起来。而我在一次次处理不同的成长议题——比如自尊、亲密关系、人生方向等的时候，我会发现，这些议题的背后都有一只看不见的手。好像有一个小女孩，她本在明亮的玻璃房子里长大，但是这个玻璃房子里总有一个喇叭在不断地说：女孩儿应该长成这个样子！这个声音伴随她长大，无意识地，在人生的各个关键时刻，她都会按照这个声音去做，而不是她内在的声音。直到她醒来的时候，才意识到这个喇叭所传出的声音，是她所有的心理议题的背景音。

当这样的探索开始后，就像是楚门打开了通往外在世界的门一样，身后的世界里那些言论和声音渐渐凸显和清晰了起来。同时，这一路上也有太多的女性朋友们用自己鲜活的生命历程来佐证这些探索，我在她们的故事中一次次照见自己。

我们的潜意识里总认为男性是刚强的，女性是温顺的；男性有更好的基因优势，女性相对属于从属地位；男人逻辑能力更强，女人往往容易情绪化。可在我身边的环境中，在我接触的个案里面，我看到的更多的是只有人和人的区别，而没有男人和女人的区别。

我遇到过很多很温顺的男人，我身边也有非常多爽快的姑娘；我看到很多优秀女性承担了家庭经济重任，也有很多男性承担了家里的主要家务；很多女性情绪管理能力和抗压能力非常强，而一些男性的脾气倒是一点就爆。为什么社会告诉我们的和我实际看到的不一样呢？

有太多的信息告诉我们男女的差异是天然的、根深蒂固的。而当我带着这样的意识回忆自己人生的时候，我却发现，我应该如何做一个女孩，并不是由我的基因决定的，更多的时候是来自父母、老师和社会的教育。也就是说，关于性别的定义，其实有生理性别和社会性别的区分。而真正影响我们心理发展的显然是后者。

–中国女性的性别觉醒–

女性角色究竟是如何被构建起来的？女性的力量又是如何失去的？我们要如何辨别哪些是自己的声音，哪些是被这个社会规训的声音？我们要如何做回自己？

在执业近10年的时间里,我看到太多的中国女性在性别的刻板印象里焦虑难眠,在性别的角色偏见里苦苦挣扎。

我接触过的每一位女性几乎都跟我说过她们在成长过程中所遇到的性骚扰事件;还有很多事业型女性在看不见的职场天花板上受到的不公平待遇;也有不少女性在婚姻中遭遇家庭暴力后,仍然想要大事化小,小事化了……而当越来越多的女性为这些不公平发声的时候,却被指责"太矫情、太玻璃心";当有女性争取平等权利的时候,又被冠以"中华田园女权"等贬损的名号;更有太多的女性根本意识不到自己大脑中的性别差异,而将自己的人生画地为牢。

努力学习,拿到好的学位,争取到不错的工作,靠着自己的奋斗得到一切,大多数女性都做到了。即便也许我们得到的薪酬比同岗位的男性的工资要低31.8%(BOSS直聘发布《2021年中国职场性别薪酬差异报告》,以中国城镇就业群体为研究对象。报告数据显示,2020年全年女性平均薪资6847元,同比回落2.1%,平均薪酬低于男性31.8%),但在女性经济独立方面,越来越多的"70后""80后""90后",凭借着自己的努力做到了。

可是,当我们以为大有可为的时候,却遭遇了婚恋市场上的种种挑剔:你怎么都成大龄剩女了呀!你长得太瘦了,不好生养吧!你学历这么高,应该很难相处吧……

当被用男性的审美眼光审视时,女性在情感中卑微的底色被呈现了出来,让我们刚刚抬起的头又低了下去。经济独立我们做到了,可我们的精神独立却如此艰难。

在年龄焦虑、外貌焦虑等裹挟下,最重要的是在生育焦虑的逼迫下，很多女性产生了一连串的不良反应：将就地结婚，匆匆忙忙生了孩子，陷入育儿焦虑，如果能重回职场，女性必然拼尽全力，但最后回头发现只有自己一个人在拉扯着全家往前走；而回不了职场的女性，又可能面临隔几年就暗流涌动的婚姻危机，逐渐失去了自我。如今离婚率很高，且大多是由女性提出的，很大程度上，原因在于一开始的决策就是错的，而其中又有很大一部分原因是，女性在各种焦虑下做出了不得已的决定。

-女性的日常焦虑-

来看看身为女人，我们有哪些日常焦虑吧！

外貌焦虑你有吗？

医美脸是不是最近几年才流行起来的？一个模子刻出来的样子，最初由谁将其定义为"美"？女性普遍追求的瘦，除了健康的因素，所谓"瘦就是美"是谁定义的标准？那肤色白透，又是谁定义的美呢？明明在唐朝，对女人的审美完全不同，为什么到了宋朝，躲在深闺把自己给捂白、把脚给裹上就是美呢？

职场和家庭的两难困境你有吗？

总有人问事业成功的女性："你是如何平衡事业和家庭的？"似乎这是女性企业家和女性领导者被采访的必答题，但为什么对男性企业家或者男性领导者没有人问这个问题？是谁默许了照顾家庭就是女性的义务，而男性可以心安理得地当"甩手掌柜"？

就连女性自己也会被这样的文化氛围影响。当我们谈到女性间友谊的时候，常常会被调侃塑料姐妹情，但仔细想想，陪我们渡过一个个人生难关的，就是我们的女性朋友们啊！

当我们在职场中努力争取平等地位的时候，我们会不自觉地更看重男性的声音；当男性领导者在开性别玩笑的时候，虽然我们心里有些异样的感觉，但仍然习惯性地跟着一起笑。社会对女性身份的定义如此清晰又令人迷惑，让我们只看到了被规训的女性，但看不清这个身份背后真实的自己。

-这本书如何帮助你-

以上是我写这本书的初衷——为你拨开迷雾，看见生活中习以为常的性别不平等，梳理女性艰难的心理成长路径，找回女性一直被贬损的自我价值，重新在家庭和社会中定义自己的角色。而这一切，都是为了帮助我们找回属于自己的女性力量。

本书分为四个篇章：第一篇，自我篇。在这部分，我们用三章内容来解释女性这个性别角色是如何被构建的，帮你重新认识自己；第二篇，家庭篇。我们从原生家庭的角度，一起来探索女性的心理成长路径；第三篇，亲密关系篇。我们来研究让我们倍感头疼的亲密关系，这往往是很多女性开始探索自我的起点；第四篇，女性社会角色探索篇。我们一起把视线延展到社会，理解社会对女性性别角色的限制，以及我们如何去突破它。

为什么要这样安排呢？

我前面提到了性别有心理层面、社会层面和生理层面的区别，但其实我们会看到，对于哪些是属于心理层面的，哪些是属于生理层面的，哪些是属于社会性别角色期待的部分，有的时候真的很难分清，于是就会令我们在成长的过程中走很多弯路。

比如，你明明就是因为自己的低自尊而选择了一个不如你的老公，但是学习了心理学之后，你发现自己对老公的指责、批评和贬损，其实是源于你认同了自己的母亲。而你们母女关系又非常不好，因为你从来没有走回到母亲身边，没有完成对慈母的认同。这时候，我们学习的心理知识又让我们不断地去理解和共情对方。当然这没有错，但这样做的后果是，你进一步压低了自己的自尊。也许婚姻一时会好，但因为长久忤逆人性，总有一天你的不适会爆发出来。

所以你发现了吗？真正的心理成长，是一环套一环的发现旅程。

比如上面的例子，低自尊是怎么产生的呢？当我探索自己的时候，我发现父母给了我很多批评贬损，是因为他们也这样对待自己。为什么会这样？是因为他们认同了前一辈的理念，而我们祖辈的这些理念又是从哪儿来的呢？

所以说，在拿回女性力量的过程中，我们发现有些属于男女生理的差异，有些属于社会性别刻板印象，有些属于原生家庭的成长议题。如果我们不能客观地像剥洋葱一样一层层地剥开，如果只是将所有问题一刀切地去解决，我们最终会发现这样对自己太残忍。

我与你分享的以下内容中，关于女性的成长路径经过了几个阶段：从低自尊、羞耻的女性内核，到女性在家庭中的成长变化，以及女性在亲密关系中的种种冲突，最后是女性在社会角色中的自我设限。

在这个渐进式的探索过程中，从自己到周围再到社会，我们卡在不同的阶段时会产生相应的问题，都会在本书中为你呈现。

比如女性的低自尊内核，出生后就被教导成为安抚者、养育者，而不是探索者、开创者。如果一个女性一生都没有从自己低自尊、羞耻、不安全的内核中走出来，她在亲密关系中自然而然就会被动；当她在亲密关系中失去自我而屈就于一段关系时，也很难再有精力拓展适合自己的社会角色。

女性力量是一个不太好聊的话题，而我呈现给你的，可能也只是我自己的意识觉醒的过程，以及到目前为止对于女性心理的研究和探索。

我非常期待在接下来的阅读中，你可以随着本书的内容与我共同探索、反思，也希望有更多的女性朋友们加入这个话题讨论。毕竟，一群人的觉醒才能带来改变。

周丽瑗
2023 年 4 月

目录

第一篇　自我篇

小美的故事 / 2

第一章　从女孩到女人，究竟经历了哪些变化 / 23

第二章　女性羞耻感的来源 / 35

第三章　女性的自尊，怎么被塑造得如此脆弱 / 40

第二篇　家庭篇

小雪的多样人生 / 50

第四章　原生家庭和童年，给女性带来了什么 / 68

第五章　女性和父母之间，爱恨纠葛有何特点 / 77

第六章　母女关系的和解之路，到底该怎么走 / 86

第三篇　亲密关系篇

瑞妈的人生困境 / 96

第七章　你给自己的定位，如何影响婚姻质量 / 118

第八章　亲密关系三阶段，你走到了哪一阶段 / 127

第九章　要提升亲密关系，该怎么增能赋权 / 136

第十章　透过女性友谊，如何促进心理发展 / 146

第四篇　女性社会角色探索篇

她和她们 / 156

第十一章　女性的社会压力，如何限制了我们 / 175

第十二章　独立而不感到孤独，该如何做到 / 188

第十三章　没有千人一面的女性，每个你都是独特的 / 198

第一篇
自我篇

小美的故事

初次见面

那是个夕阳西下的傍晚,水绿色的沙发上洒满着金色,坐垫边沿已经被磨成了墨绿色,镶上这层金边,倒有了中世纪复古的韵味。蓝绿色的裙子随着主人的身形深深陷在这块坐垫里,裙下一双洁白的腿似乎也跟着发光。

当我打开门时,裙子的主人闻声转了过来,一只手搭着沙发迅速站了起来,脸上带着一些怯意地点头道:"周老师,您好。"

我面向金色的身形,点头应承,如果有个小人可以分裂出来,估计就已经在惊呼了:天哪,她也太美了吧!

谁说咨询师没有评判的,哪怕已经落座两分钟,已经跟她介绍我们工作的方式和流程时,我那个惊叹的小人仍然处在极度亢奋中。不过,接下来她的话题迅速把我的小人拉回到现场。

"什么?这么美的人,老公还要出轨?"没听几句,我的小人又开始闹腾了。看来它一时半会儿真的平息不了了,那就允许它悬挂着吧。

坐在这个沙发上的很多女性,都是因为这个问题来找我,似乎这是很多女性开始求助的动力。也可以理解,毕竟这对很多人来说像家丑一样难以启齿,就算跟朋友叨叨对方也只能陪着一起骂,也给不了啥意见。这样的困境，倒成了女性寻求心理帮助的最大动力。

"周老师，您不是我见过的第一位咨询师。"小美看着我说这句话，眼睛一眨不眨，似乎在试探我的反应。"我之前找过两位老师，也花了很多钱，但都……哦，也不是完全没有作用，是，好像没有什么彻底的作用。"

"那你能谈谈之前的咨询师让你感觉不满意的地方吗？也许可以帮助我更好地总结经验。"

"两年前知道他出轨后，我就在网上查找面对这样的情况我应该怎么办，就找到了一个机构，当时那个老师也挺好的，他们那种服务就是我可以在群里24小时说话、发泄，他们有三位老师陪着我，主要负责的老师不怎么说话，另外两位老师还是起了作用的。我那会儿真的太崩溃，太脆弱了。"她的头越来越低，似乎陷入了痛苦的回忆。

"就这样陪了我一个月，我情绪稳定点了。因为那位老师说最好不要跟对方哭闹，要装作什么都没发生，要从长计议。等到一个月结束后，他们给了我一个报价，是帮助我挽回老公的服务，大概要三个月，十五万。"

虽然早就听说有这种服务，但听到来访者这么说，我的小人还是在那里大大地叫着"天哪！"。

"于是你购买了这个服务？"我的小人说：姑娘，你可别花冤枉钱。

"没有，老师。我，没这么多钱。"这句话的音调随着她的脸渐渐低了下去。

3

"但也因为当时觉得太贵,我就自己扛了几个月。就这样不死不活地过了半年,我经人介绍找到一位老师,据说处理这方面的问题特别擅长。但是我去了才知道,是位男老师。"她的尾音一往下垂,我便知道,她需要在此刻缓一下。

"这位老师的性别让你担心,还是……"我顺着她的思路去猜想。

"我也不知道,我就是不舒服。所以我咨询了大概5次,我就不咨询了。"她的长睫毛垂了下来,似乎想把自己的眼睛藏起来。我这才注意到,她的双眼皮尾部有些褶皱,不自然的褶皱。

"那你能告诉我,在第5次发生了什么,或者一直以为积累了什么让你决定在第5次放弃的?"我试图去接回她低到尘埃里的大眼睛。

"他说可以帮我做个催眠,处理一下我内在的伤痛。"

"哦?这个提议让你感觉到……"

"我不喜欢这样的处理方式。"小美的脸上红了一阵,有些愤怒的味道。我不确定她是对那个咨询师,还是对我的追问。

通常前几次咨询都是建立咨访关系的时候,如果咨询师的鼻子闻到了什么,遇到来访者阻抗的部分就要打个标记,暂时放过,等咨访关系稳定后,再回头把资料收齐。于是接下来的20分钟,我更多地聚焦在了解她的夫妻关系以及简单的家庭成员的关系上面。

小美最后站起来时,恢复到落落大方的样子,主动跟我确定了下周同一时间的咨询,转身离去。

咨询室里飘着淡淡的山茶花香。

她在回避什么

第二次会面也是在一个傍晚，只是这天 26 楼的窗外黑压压一片，感觉天空很低很低，似乎配合着小美在陈述旧有的那份伤痛。

她和自己的先生是大学同学，先生之前谈过两次恋爱，她则是白纸一张。在她的回忆里，初中高中都有很多男孩子追求，曾经还有两个男生在放学后约架，只为了求一个追求的权利。但她始终保持着友好的笑容，跟所有人保持着友善的距离。

"现在让我说喜欢他什么呢？"小美侧着头眼角左右咕噜着，最终停在左下角，然后抬起头来对我说："我好像就是喜欢他的老实。好笑吧？"她边摇头边笑，眼角还闪着点点星光。

小美告诉我，大三刚开始时两个人也是花前月下，先生特别尊重她，会在宵禁前送她回寝室，因为担心其他同学拿她的恋爱作谈资，再加上大四很多同学都开始实习了，所以真正见证他们恋爱的人并不多。

"你那时候谈恋爱不该上校报头条吗？"我笑着对她说。

小美先是怔了一下，眉毛一抬，像是马上意识到了什么，尴尬地笑了笑。

"周老师，您是说我这样应该有很多男生关注对吗？"

"难道不是吗？"

我的小人说：拜托，你的颜值对同性来说都惊为天人啊。

"唉，周老师，我其实以前不长这样的。"

她的目光望向我，一个满脸问号不解的咨询师正皱着眉头等待着答案。

"你是说，你后来整容了？"我小心翼翼地猜测着。

她点点头，又摇摇头。

"其实也不算整容，我就是动了一个牙部的手术，后来又开了双眼皮。但客观来说，我的脸从方脸变成了尖脸真的只是对牙进行了矫正。而且我也没想到双眼皮和单眼皮效果差这么多。"她腼腆地低下了头，仿佛自己是不配这么美的。

"哦，那即便是动过，应该原有的基础也不错吧？"说完这句我就后悔了，我这人好像进入了八卦的环节。

她点了点头，也不知道是羞涩还是表示同意。

"但我其实以前不这么想，尤其是他出轨后。"

"所以你是说你在先生出轨后开始做的整容手术吗？"我歪着头问。

"嗯，我上次不是跟您说了我找过一个月的心理咨询师陪伴吗？那一个月里，咨询师让我列出对自己不满意的点，我列了十条，有三条都和自己的容貌相关。当时确实对自己也挺狠的，就觉得老公出轨一定是觉得我没有满足他吧？"说到这里，她好像突然刹车一样停了下来。

我敏感地捕捉上去："你认为没有满足他的有些什么呢？"

"就是我长得可能不够美吧，我那时候有很多自我攻击。唉，所以我说那个情感陪护有点问题。反正我就一直觉得自己哪儿哪儿都是问题。后来我就去整容了。"

"那相比情感陪护，你更愿意把钱花在整容上吗？"

"做矫正的钱还是少很多的，前后才五万不到。但我变美后，确实自信多了。"她用眼神求得我的肯定。

我用力点点头，"是的，好像因为更有自信，所以也会少很多原来的自我攻击。"

她的眼神望向我耳后方，显然这种共情她不怎么受用。

"我来理解一下你说的，你和老公是大学同学，毕业后结婚，他工作忙你们一直没要孩子。你在两年前，就是你28岁的时候发现他出轨单位女同事。在这之后，你并没有直接跟他表示你知道此事，而是选择了沉默，然后自己找了情感陪护机构，后来因为费用太贵，就没有继续。但你紧接着去做了整容，整容后效果很不错，似乎对你的夫妻关系有所改进？"我把最后一句话放慢，试图将她空洞的眼神拉回来。

"我失败了。"

"周老师，您说男人是不是就是把性放在最重要的位置？是不是只要满足了这个，他们什么人都愿意？哪怕是个小姐。"说到最后，她将眼神收了回来，我看到了一丝丝火焰。

"这听上去真让人生气。你先生的行为真的伤害了你。"

"是啊，我就不明白，性，真的有这么重要吗？"她满脸不屑地说。

"那，你介意跟我谈谈你和先生的性生活吗？"

"我们很正常的，一直都很正常的。"她快速地回答我。

此刻我感觉自己的喉咙有点堵，依我的经验来说，这也是来访者自己的生理反应。她为什么这么快就含糊过去，有些什么话被她吞了下去，如鲠在喉呢？

"周老师，我前面的意思是，我之后也买过性心理方面的一些课程，我感觉可能性上面的问题不是导致我先生出轨的原因。"她注意到我的疑惑，马上解释道。

我继续看着她,还没来得及接话。她紧接着说:"我感觉可能是我的沟通模式出了问题。"

我歪起了头,期盼她更详细地说明。

"我反思过,以前他要出差的时候,我就会打电话给他,如果他不接电话,我就特别不安。所以那种'夺命连环 call'的事我是经常干的。"

很好,她自己把我带到一个非常关键的点。

通常在一段关系里,两个人之间的恶性循环会导致情感慢慢断裂。比如我打电话你老是不接,我就会感觉到不安全;而站在对方的立场,老是被及时要求回电话或者错过一个电话就被骂惨,次数多了,我就真的不接你电话了。站在打电话这一方,总是不被接电话,我对你的信任就会减分;站在接电话那一方,接电话就被骂,还不如不接,存到回家一起骂算了,于是对对方越来越厌烦。夫妻之间的这种循环非常普遍,而就是这些消极的互动循环会导致夫妻两个人情感转淡,最终两个人都感觉对方不关心自己。这时候如果外在有人稍微关心一下,就很容易出现婚外情的现象。

"了解。那像这样的,当你想要找对方但是对方不应答的时候,你那一刻什么感受?"我追问道。

"我特别着急,我就想他快点接电话,如果电话接通了我就安心了。"

"嗯。是的,电话打不通的时候似乎整个人都紧张起来了,对吗?"

"对的。"

"你感受一下,现在说起这些,身体有什么感觉吗?我注意到你语速也快了。"

"我紧张啊，我，我有点喘不过气来。我特别害怕他不接我电话。"

"你特别害怕他对你不应答，特别害怕他可能抛弃你？"我试图去猜测她的世界。

"对，我挺怕的。我就经常深夜打电话给他，一遍遍，我就害怕他不理我了，我一个人在黑漆漆的夜里。"

"嗯，这时候，让你感觉到……"

"老师，是分离。我知道了，我害怕分离的感觉。"小美像是得到了一道考题的答案，突然满脸堆笑地对我说，"老师，是分离。我知道了，我三岁时就被我妈扔进了幼儿园，我肯定是有分离创伤的。"

这一时刻的信息量突然涌了过来，我头脑中迅速地做着记号：

第一，聚焦感受时突然跳到了意识层面，这个领悟似乎来得有点快啊。

第二，她是真的领悟到了，还是学了些心理学的皮毛，自己在硬套呢？

第三，此刻我有两种选择：一个是再切回她刚才的感受里，另一个是沿着她认为的分离创伤来问她。

"听上去你好像此刻对自己有所领悟，就是你不断打电话给老公的行为是因为你害怕他离开你，这源自你小时候的童年创伤。你是想跟我谈一下这个创伤吗？"在咨访关系刚建立时，我最好顺着对方想说的话来说。

"三岁之前的事情我完全不记得了。然后我上次做心理咨询的时候，那个男老师就说可以帮助我催眠回到小时候那个三岁就上幼儿园的我。然后他说可以治疗我。"她说这句话的声音越来越低。

"听上去像是一个不错的治疗方向，你也认同这个猜测，所以似乎可以在催眠中找到答案。但我记得你说你后来没有进行？"

"我不知道，我看到过很多报道说催眠是骗人的，或者是一种自我暗示。我的感觉是不太相信吧。"她的声音又低了下去。

"那你和你的咨询师可以讨论一下这个问题，看看有没有办法澄清或者改用其他的方式，但是你选择了不去见他，是吗？"我侧着脑袋等待她的回答。

"可能分离创伤让我不敢去信任别人？"她已两眼放空开始了自我分析。

有时候我们在接待来访者的时候，真的宁愿来访者是没有学过什么心理学知识的，否则他们最爱做的就是把自己往框框里套，盲目地一通自我分析。

"好了，我们今天需要停在这里。谢谢你让我更了解你，我们下周同一时间再见。"

送走小美后，坐在沙发上的我满头问号。通常我们在写咨询报告时，会写咨询师对来访者的主观感觉。今天的感觉与上次如此不同，我不知道为什么，总有一种这个来访者真的很努力想解决问题，但同时又不愿意让我看到真正的问题的感觉。而似乎我想努力靠近真相的时候，她总会两眼放空回避我。她说的故事里虽然有强烈的焦虑依恋的味道，但她与她表达出来的内容又是如此的客气，有距离感。

有点迷。

也许对她来说，还需要时间信任我吧。

创伤也可以成为防御

接下来再见小美时，她就兴致勃勃地跟我聊起了她的分离创伤，看来上周回去后她也思考了很多。

"能跟我说说你的发现吗？"我鼓励她把这一周的所思所想表达出来，当然我这句也是废话，因为她完全没等我说完就喷涌而出一大段叙述。

"其实不是三岁，要说我的创伤是从我出生几个月就开始了。我妈妈那个年代，生完孩子哪有什么产假，第三个月就上班了。所以我奶水喝得不足。我外婆说我妈就中午骑车回来给我喂奶，再挤一点出来存着。然后，到了三岁，我外婆也没时间带我了，因为我舅舅的儿子出生，她要去帮我舅带孩子了，那我就被扔到幼儿园了嘛。你想小孩子才三岁，离开熟悉的环境，肯定有创伤的啊！"

"嗯，这么说来，当你回想这样的一个孩子的经历的时候，你能感觉这个孩子应该有些创伤在，是吗？"我特意把"应该"两个字强调了下。

"当然啦。这么小的孩子，肯定不舒服的。"小美用她的大眼睛盯着我，好像在说义正辞严的事。

"那具体这个不舒服是什么呢？"

"害怕被抛弃？"小美歪了下头，试探性地说了这句，似乎在等我的正确答案。

我笑了笑。显然，小美似乎在说一个故事，当在说这些故事的时候她似乎无法言语化出具体的感觉，也就是说她在理性上试图理解自己的情感，或者说得直白点，她在试图分析自己的一些问题的来源。

"我是不是可以理解为，当你在说这件事的时候，只是理性上认为这里应该有个创伤，但关于这件事给你带来的感觉，由于那时候年纪太小，你的感觉是模糊的？"

小美垂下眼帘，点了点头。

"不如我们回到上次我们的话题，是哪个环节把你带到了这个分离创伤里？"我试着带她回到防御开始的地方。

小美歪头沉思了一会儿，抬起头尴尬地朝我一笑。

我微笑着说："我记得好像是当我试图探讨你和你先生关于亲密关系的一些问题时，你提到了你们之前沟通有问题，然后你提到你有分离创伤？可以说一下，你和先生的沟通问题体现在哪些方面，在你的理解里，又是如何和分离创伤联系在一起的吗？"

小美一副恍然大悟的样子说"对对对。是这样的，我之前的咨询师也说过。因为有一次我和他发生冲突以后，他又什么都不说就出差了，我特别着急，就不断地打电话给他。后来我的咨询师就跟我说，我和我老公的沟通有问题，我总是太着急想要去抓住他，好像怕他离开我一样。当时我觉得老师说得很有道理，不过上次跟您聊的时候，我一下子意识到，我害怕他离开我，不就是因为早年经历过离别的创伤嘛，我就想起了三岁时在幼儿园的事了。"小美说完长舒一口气，仿佛是做对了题一样的轻松。

"你是说，你在与先生发生矛盾时，先生用回避的态度对待你。而你一下子就感觉很受伤，于是就拼命地想用打电话这样的方式抓住他。"我看到小美点头后继续说："这种情况是你们一直以来的模式？就是从谈恋爱或者结婚以后，就一直是彼此这样互动的？"

小美愣了一下，眼球迅速地翻转着，慢慢地回忆道："周老师，您这么说起来的话，好像也不是啊。以前发生矛盾以后，都是他来哄我的。什么时候变成这样了呢？"

"有没有可能是他出轨之后，慢慢就变成这样了？"我盯着她的眼睛问。

"哦。"她迅速将目光收了回去，我的视线里只剩下她光亮的额头。不过五六秒，她的目光再次迎了上来，眼神略有些兴奋。"老师，是不是他的出轨激活了我的被抛弃的创伤，于是我才开始想要一再地抓住他？以前这个创伤我都没意识到，所以他的行为帮助我更深刻地认识了自己！"

此刻我心里万马奔腾。

"你知道吗，任何一个没有创伤的人，也会在爱人出现背叛自己的行为后变得惶恐和不安。那样的不安会弥漫在空气里，当有任何蛛丝马迹显现时，不安就会被放大，惶恐失去对方的感觉再次出现，于是，就可能有些抓取的行为出现。"

"您的意思是，我和我老公这样的沟通模式，不是所谓的激活创伤，而是一种正常的反应？"她表现出有些抗拒这个答案的样子。

"可能我要表达的是，你小时候到底有没有分离的创伤，或者这个创伤有没有被你带到现在的生活，我并不清楚，至少你的表述和体验没有让我深刻地感觉到。但我确实感觉到，你很想让你的问题有个确定的答案，或者是给面对的问题一个确定的理由。我相信，这个确定的答案或理由对你很重要。"

在现代心理学逐渐普及的今天，有很多人多少了解到自己的过去是如何影响到现在的，而我们有时会急于给自己现在的问题贴个标签，这也是正常的。因为作为人类，我们需要确定的感觉。但也因为太想要一个确定的感觉了，最后追逐了一个标签给自己，也就是说，也许你柜子里藏了瓶醋，但放得有点深，你看不清它在哪里，翻找出来又太累，所以你就贴了个酱油的标签，好让自己心里踏实点。

翻找深不见底的柜子时，是因为太累，所以就随便贴个标签。那探索自己的内心，又是什么原因让我们不愿意看个究竟呢？

小美显然是有点沮丧地瘫在了沙发上。她蓝绿色的长裙陷在了沙发里，似乎都与她长在了一起。

"不如我们回到你来这里的理由，你需要我帮你些什么？"

当咨询中遇到一定的阻力时，回到咨询目标可以让咨访双方的交流更清晰、更有效率。

"我想修复我老公出轨之后我的安全感。"小美的眼神已经放空。

"小美，你看，自从你得知老公出轨之后，你其实做了很多努力。我知道你去找了情感陪护，支撑你熬过了一段艰难的日子。你在那次陪护后，将问题归因于自己不够漂亮，于是你花了很多钱改造自己。但似乎作用有限，你和老公的沟通再次发生了问题。你后来又找了一位咨询师，意识到自己在与老公关系中的过于不安导致了关系的进一步恶化，而这份不安可能来自小时候的分离创伤。你这两年来如此辛苦地改造自己，还都是瞒着他进行的。你让我看到，你多么在意你们之间的关系，你多么在意他，多么想让你们的关系回到从前。"我缓缓地望着她说道。

小美的头越来越低,肩膀有节奏地起伏着。

"或许回到从前只有一个办法。"我在短暂的停顿后,慢慢地说。

她抬起泛着泪珠的眼眸,企盼着我接下来的回答。

"正视从前。"我放慢了语速,但给每个字多加了点力量。

她转过头,望向窗外,片刻后看着我说:"好。"

我要做个好女孩

这之后的咨询,仿佛顺利了很多。

在咨询伊始,无论对这个咨询师多么信任,来访者的潜意识里总会有些阻抗去探索内在心灵深处的秘密。这并不一定是针对咨询师的,只是一种习惯。这个时候,咨询师需要有足够的耐心去等候,并以足够的深情去软化这份阻抗。当来访者准备好了以后,再开始更深的探索。此时,才是咨访关系真正建立的时候。

"老师,我还是想问您,您做过这么多个案,最终离婚的夫妻是不是性生活都有问题?"

终于到这儿了。

"好像不是必要条件。但必须说,我们人类也是动物,彼此喜欢的方式是靠身体接触来表达的。可能身体不接触在一定程度上就是心理距离远了,心理距离越远,身体就越不接触。久而久之,感情就越来越淡了。"

小美两眼又开始出神。我也真是,这时候解释这么多干吗。

我紧接着问:"所以,你们的性生活是从什么时候出问题的?"

她咬了下嘴唇,低着头。房间里寂静得只留下我们两人的呼吸声。这个冒险的提问是否能将咨询推进,还是会致使小美再也不来见我，我其实并没有把握。我此刻能做的只有等待，押上我们前几次见面所建立的信任。

对于大多数国人来说，在咨询师面前谈论夫妻之间的亲密行为，多少有点不自在，毕竟我是个陌生人，而对着我这个陌生人谈论夫妻俩之外这辈子不可能有第三人知道的事，是需要冒险的。

而很多时候，我也非常幸运，能得到来访者这种充满冒险的信任。

就和小美一样。

"周老师，我其实并不知道正常的夫妻怎么样。但我想，我们的确是有问题的，从一开始就有。"

小美说完这句话后，两眼停在了我的视线里，似乎她卸下了一个沉重的包袱，也似乎她在等待着我的审判。

在我眼神的鼓励下，她缓缓地展开了她的故事。

她和老公虽然结婚数年，但性生活的次数似乎屈指可数。虽然两人确实都很忙，但这样的忙却不足以成为两人无法亲密的借口。她回忆刚结婚时的情况，也是如此而已。两人同为大学同学，先生之前谈过两次恋爱，她则是白纸一张，可以说彼此简单地就在一起了，直到婚后，周公之礼人之常情，可小美却对此一开始就非常抗拒。

我好奇地追问她，抗拒的时候心里什么感觉。

她说脑子当时就闷住了，心里只有一个声音：不行，不可以。于是她就会本能地把自己的先生推开。

如此几次后，先生就不再勉强。

虽然在一次小美酒醉后，两人终于有了夫妻之实，但这个体验与真正的亲密之爱相距甚远。老公似乎慢慢放弃了对这件事的执着。而在小美的眼里，优秀的老公将更多的精力投注在了工作上，职位连连攀升。

两人似乎有了某种默契，先生对小美还会像从前一样，周末在一起看电影、郊游，带家里的狗狗出去玩。在小美眼里，老公也一直非常尊重她，除了没有夫妻生活外，老公还能拿钱回来，还能像从前一样和自己聊电影聊人生，她已经感觉非常满足了。

两边的父母也以为两人把狗狗当成了孩子，尊重他们年轻人的丁克行为，只在过年时叨叨下孙子的事，时间久了，也便不催了。

当然，这一切从发现老公出轨后都改变了。

"老师，难道男人为了性，就可以不顾感情了吗？"小美在聊到她看完她先生与女同事大胆而热烈的聊天记录后，愤怒地说道。

此刻的我不知说什么好。

通常在这个位置上的女性来访者，在谈到先生的出轨或者情感背叛时，她们也会呐喊出一样的话。但没有一位女性像小美这样说出来，让我感觉是个没长大的小女孩在谈论一个与她相距遥远的话题，并且还为此愤愤不平。

"我感觉到了你的愤怒。不如我们在这里停一下，除了愤怒，你还有些什么其他感受和想法？"

小美闭上了眼睛，品味了一下说道："我感觉羞耻。"

"你是说因为老公的出轨，你感到羞耻？"我需要确认一下。

"嗯，是的。哦，不对，还有更多。"小美停了下来。

该死的寂静又回来了。

"我觉得好像跟男人靠近就很羞耻，还很……危险。"小美拖慢了声音在说，仿佛她在一个字一个字地确认给自己听。

"你是说，任何男人的靠近对你来说都是一种危险？"我知道这个时刻对她很重要,我们需要在这里澄清。"所以之前的男咨询师要给你做催眠时,你会隐约感觉到危险,于是放弃了?"

小美缩回到沙发里,像我第一次见到她时一样,无力、绵软。

"我为什么会这样?"她恍然大悟地抬起头,望着我。

"我们不妨从这种'男人的靠近很危险'的想法来聊聊看?"

小美认真地点了点头,开始望向窗外,陷入了回忆。

可能到现在这一刻,咨询才真正开始。很多时候,在来访者和咨询师之间,要花很多时间去建立关系,只有她确认你是安全的,是可以信任的,内在的话题才有可能展开。而在这之前,往往来访者也会在无意识的状态下,用阻抗的方式测试这个咨询师是否安全,是否值得信任。随着咨询的深入,咨询的效果在一定程度上也是被咨访关系决定的。换句话说,关系好,有些话题就可以探索得更深,而如果关系还比较脆弱,可能咨询师的一些推进会让来访者感觉到被冒犯,甚至再也不来了。

而当咨询真正开始的时候,咨询师和来访者之间才像是真正的合作的开始,就好像一起开一艘船,但却并不知道船开向哪里。在这段旅程中,需要来访者的信任,也需要咨询师对其情感的细腻体谅和犀利的洞见。

坦白讲,像小美这样的来访者太少见了。大多数深陷另一半出轨危机的人,并不是像小美这样的还未成熟的少妇。很多人的婚姻开始时琴瑟和鸣,恩恩爱爱。但两人在经营婚姻的过程中,往往是由于各自的性格和相处方式的问题,而让彼此的心渐渐冷淡,妻子感觉得不到先生的支持,先生不理解自己;先生感觉自己的太太给自己太多的情感负累。而通常情况下,男性在这个社会里有更多的弥补情感空间的"机会",于是妻子又陷入了婚姻保卫战的"泥沼"。但无论怎样,婚姻的起点大多是和谐美好和充满激情的。

正因为如此,小美的情况才显得尤为特别。

被母爱笼罩的羞耻

接下来的话题直接被小美带到她妈妈身上,在我问了她为什么会厌恶男人的靠近以后,她直接告诉我是因为她的母亲。

小美与母亲的关系并不亲近,在最初探索时她也认为自己和母亲的关系有问题,判断的标准是不能像其他母女一样走在路上靠得很近,两人总是一前一后走路,仿佛电视剧中的潜伏工作者。再深入讨论时,小美又发现自己并不是一开始就和母亲这样有距离,因为曾经的自己和母亲的关系非常亲近。

小美几乎是母亲的全部,母亲也把小美照顾得非常好。在还没上学前,医院检测出小美的营养缺乏,生活拮据的母亲每个月硬掏出25元钱给小美订了牛奶。每天早餐时,母亲会盯着小美喝得一滴不剩。有一次小美午睡起来,看到母亲在厨房拿指尖抹瓶口的牛奶,还满足地咂咂嘴。小小的她就跑过来抱着母亲的腿,半天也不说话。

小美三岁时父母离婚,父亲对于小美来说,只是几年见一次的脸,再之后就是汇款单上的落款。但小美对父亲的感觉却很强烈,这些感觉并不是直接得来的,而是经由妈妈的转述得来:小美的父亲是一个渣男、混子,幼小的小美听不懂这些词,只看到母亲说这些话时流露的愤怒和悲伤。于是这些词就与父亲这个形象黏合在了一起,这也是小美心中对男人的最初形象了。

当她这样表达后,我也顺水推舟地追问,记忆中还有什么男性形象让自己印象深刻?

小美想了很久,她童年大多数时间都和母亲在一起,母亲忙不过来的时候,她不是在幼儿园就是在外婆家,而外婆和一直单身的大姨生活在一起。所以费力回想后,发现男性这个角色都是"路人甲"的感觉。唯一有印象的是,有天下午外婆带着小美在门口坐着,小美安静地拿着粉笔头在地上画画,外婆笑意盈盈地在拣毛豆。这时隔壁邻居叔叔正好路过,本来只是和外婆聊两句,小美在旁边看着自己的画咯咯笑起来,叔叔突然把小美抱了起来,举过头顶晃了几下,然后在小美的脸蛋上亲了一下。这动作来得说时迟那时快,小美的记忆里只有离开地面的飞升又迅速落下的感觉,但这种感觉是她从未体会过的,有一些恐惧但也伴有一丝兴奋。而随之而来的画面直接把她吓蒙了,当她刚被这个并不熟悉的叔叔亲完后,一股强大的拉力就把她拽回了外婆身边。随之映入眼帘的是外婆惊恐的眼神,以及一些污言秽语的谩骂。小美完全懵了,眼前的信息她来不及分辨,她只能号啕大哭。

然而这一切都还没有结束。小美伴随着发抖的声音向我重述着那天更可怕的情景。黄昏时分,她小腿盘坐在床上,外婆、母亲和大姨三个人围着她,从她的视线里只看到了三个女人愤怒的脸,具体说了什么小美已经没有印象。很长时间,她没有哭,因为她不明白她为什么被指责,只知道她做错了,错在哪里她也很糊涂。也可能因为她呆滞的表情激起了她们更大的愤怒。母亲狠狠地拧了小美手臂一把,恶狠狠地说:"能不能听进去,离任何男人都远一点!"小美"哇"的一声哭了出来。

小美浑身发抖地述说着这一切，我起身将备在咨询室里的毛毯披在她肩上，轻轻地安抚道："我在，我陪着你。"渐渐地，伴随着呼吸声的放缓，她再一次瘫软在沙发里。

小美就这样严丝合缝地被保护着长大了，小学期间同桌同学都是女生，初中高中进了全市闻名的女校。她的世界里，几乎没有异性存在。当电视里出现英俊的男主和漂亮的女主接吻的镜头时，小美也慢慢地学会拿起遥控器换台，并在喉腔里发出一阵恶心的鄙夷声。

刚上大一时，小美与同寝室女生的关系特别好，但从大二、大三开始，当有越来越多的男生有意无意地流窜在寝室里或者寝室楼外时，小美便渐渐地与她们保持了距离。但豆蔻年华的她，还是渐渐地被一个男生所吸引。当她第一次感到看书看不进去，而总会浮现这个男生的身影时，小美意识到自己恋爱了。两人的恋爱非常单纯，也很美好。下了课约了一起走，到了宿舍楼下，各自分手；在食堂遇到，和其他男生女生坐在一起聊天，两人只用眼神交流。每当四目相对时，小美总像小时候体验到的既恐惧又兴奋的感觉一样，马上低下头把自己拉回当下，平复心情后，再装作若无其事。其实对很多人来说这些都是初中高中就有的纯恋体验，但对于小美来说，已经是这辈子与男人最近的距离了，很美好也很危险。

小美的世界里不再是只有外婆、大姨、母亲和成绩了，她的世界开始渐渐变得五彩斑斓起来，于是她也和母亲渐渐疏远了。每次回家，母亲会盘问很久，小美会敷衍地回应着，尽量挑些只有女生在一起的故事与母亲分享。直到母亲翻到了小美书里夹着的男生的表白卡，小美看到母亲凝重的表情，但母亲这次没有谩骂，只是慢慢地合上书，走出了房间，并在之后对此事避而不谈。

我追问到："你当时什么感觉？"

"我对不起她。"继续哽咽。

后面的几次咨询里，我们聚焦在这样的愧疚感里很久。在外人眼里，小美与自己初恋的爱人进入了婚姻，算是修成正果，而维系他们感情的纽带也就只有大学时单纯的互相关爱。小美的先生非常细腻体贴，一开始会极其有耐心地陪伴小美，尤其是在她身体剧烈地抗拒之后。时间久了，先生根本也不再提类似的要求了，但仍然会像从前一样和小美谈心，一起出去游玩，就像大学时谈恋爱一样，像好兄妹，像室友。

小美的个案并不常见，那个由男人带来的恐惧而兴奋的感觉，对她来说意味着更大的灾难和对母爱的背叛。这对于任何一个孩子来说，都是承受不起又无法言说的痛。她生命的力量在那个时刻已经被冻结了，让自己冻结在那一时刻，不让"灾难"继续发生，也是一个孩子对母亲最大的忠诚体现了。

不知道看完小美的故事，你的内心翻涌起了什么，对你有什么启发和领悟。我会在接下来每一篇的开始放一则这样的故事，而关于这则故事的完整答案，也许需要你看完全书后，再回过头来仔细品味和总结。

第一章
从女孩到女人，究竟经历了哪些变化

开篇中，我们聊了在成长过程中，主流社会制定的"女性应该是什么样的"一系列标准在无形中束缚着我们，我们努力迎合，按这样的标准来塑造自我。虽然现在，广大的女性朋友们正在争取平等权利的道路上努力着，但受这种价值观的影响太久太久了，已经根深蒂固，所以要实现真正的性别觉醒，还有很长的路要走。

说到性别觉醒，你会想到什么？可能是男尊女卑，可能是男主外女主内，可能是小时候经常听到的"你是女孩，不能像男孩那样调皮""你是女孩，长大要嫁个好人家"等。你可能会说，不正是这样的传统观念束缚着我们真正活出自我吗？

没错，但，我并不打算聊这些。

因为这些传统观念都是建立在"男女就是不同"这样的根基上的。所以今天我们就直接来深入根本，围绕"性"这个话题，梳理一下女性从小到大，是怎么被一步步教育成"女性"的。那些似乎是与生俱来的关于女性的羞耻感、脆弱感、无力感，到底是如何一点点扎根在我们心里的。

-你的"女性历程"什么样-

我想先请你回顾一下：

你第一次意识到自己是女性，跟男性不一样，是什么时候？什么场景？

你第一次感受到女性是第二性，也就是女不如男，是什么时候？发生了什么？

可能每个人的回答不太一样，但请你真的去认真地回顾一下，并且记住你的回答。虽然并没有标准答案，但你的答案，对你自己而言非常重要，因为它可能就形成了你潜意识中要成为怎样的自己的一个标准。

接下来，我们就来深入探讨一下这两个问题。

-生理变化-

首先毋庸置疑，从基因上来说，由于男女染色体不同，从受精卵开始就已经决定了性别的不同。你是男人，我是女人，我们之间有着巨大的生理差别，这些差别体现在我们的身体构造上，显而易见。

从生理意义上来说，女人是能够怀孕、分娩的人，男人是可以让女人受孕的人，但这并不能定义男人和女人的区别。因为一个选择不要孩子或者无法生育的女人，她依然是女人呀。男人如果精子很少甚至没有，他也依然是一个男人。所以从生理上来说，我们感觉到的只是男女功能的不同，如此而已。

那让我们就从生理上的区别开始，看看女性身上究竟发生了什么。因为女性在成长的过程中，她对自己身体的感觉会影响她自己的感受，从而影响她向这个世界展示自己的方式。

请你来回忆一下，或者也可以观察自己孩子的成长，在一个小女孩儿的婴儿时期，在学习吃奶的过程当中，她学会了对自己嘴唇周围肌肉的控制——因为我要不断吮吸，才能得到妈妈的乳汁。

在这样的反馈—实验当中，这个小女孩就获得了某种满足感、成就感——只要吮吸，就能吃到乳汁。原来，我是可以通过控制肌肉让自己快乐的，我的快乐是可以自给自足的。

在这个阶段，男孩女孩都是一样的。

按照精神分析理论对人的分析，经过了口欲期之后，就来到了肛欲期。同样这个小女孩，她通过控制肛门的收缩，可以选择顺利排便，也可以选择憋住一会儿不排。她在这个过程中就获得了某种掌控感。

一个人的自信，不就是从对事物的掌控感中获得的吗？于是，她会感受到满足，感受到身体的快感，感受到自信和坚强。

截至目前，这个女孩成长所带来的快乐都让她体验到：我自己是可以给我自己快乐的。

这个叫内源性的快乐。也就是说，我只要通过自己的努力，就能达到一定的成就，这个成就可以给我带来快乐，这份快乐不需要依赖其他人。

如果你们家有女孩的话，你应该能从女孩身上观察到，女孩的如厕技能普遍会比男孩掌握得更快、更早。男生可能经常还尿床或者站着的时候尿裤子，但是同年龄段的女孩已经学会叫妈妈带她上厕所，或者是自己蹲下来，至少不弄湿自己的两条腿。

这么看起来，女孩在成长的过程当中，其实是本自具足的，对不对？她通过自己的不断努力，带给自己很多的快乐。

但是随着长大，这个情况就发生了变化。

尤其是到了青春期，男孩和女孩的身体迅速发育，越来越多的性特征更突出地表现出来。这时候，外界给他们灌输的关于性别的意识就会深深影响他们内心的自我概念。

-家庭影响-

接下来，我们就来看看，父母是怎么作为社会文化的代言人在家庭中影响女孩子看待自己的。

关于初潮，不知道你有怎样的经历？是羞耻的、慌乱的，还是甜蜜的、充满憧憬的。很可惜的是，很多女孩的初潮都没被认真对待，反而成了她们的心理阴影。

我还记得我在第一次来月经的时候，身体上没有任何异样的感觉，而当意识到这就是月经的时候，我甚至有些小小的兴奋——对呀，我终于长大了！可是，母亲的反应却让我感到，月经这件事是上不了台面的。关系到月经的一切事物，母亲的态度都是回避的，她甚至不教我用卫生巾，而是由隔壁的小姐姐代劳。她还会一直嘀咕：你这么矮就来了，以后估计长不高了。再就是，她让我节约时间来学习，她承包洗衣的重担，但每个月都要唠叨，帮我洗内裤好麻烦，一堆的嫌弃。

当我回忆起这些的时候，我意识到，这些点点滴滴让我感觉到，月经是令人羞耻的，女性的成熟不是什么光彩的事，它只会带来一堆麻烦。整个青春期，似乎都在不断地告诉自己：做个女人，其实是很羞耻的事。

不知道你有类似的体会吗？

其实，每个女孩从内心深处都是准备好要成长为一个成熟的女人的，即便我们并不清楚这样的成熟对我们来说意味着什么。但通常，"长大"似乎意味着对自己的生活拥有更多的自主权，所以我们对长大都是怀揣着美好的向往的。

可是，父母尤其是母亲，常常会带着她内心的创伤，或者那份源自女性的羞耻感，用言行明里暗里透露给我们一个信息：月经是脏的，来月经不是一件好事。于是，我们内心就起了冲突。我们没办法为自己的成人而庆祝，反而会因此否定自己——一方面我是成长了成熟了；但另一方面，这个成长成熟又是羞耻的、脆弱的、无力的、没有价值的。我为我的性成熟而感到羞耻，这是多么可怕的内在冲突！

青春期还有一个很重要的任务就是寻找爱的客体，也就是要去谈恋爱了。

然而父母出于保护欲，并不想让女孩有机会获得任何性快感，因为这个年龄的女孩们可能会由于太脆弱而受到伤害。这个时候父母会感到恐惧，但又大多不知道该怎么进行正确的性教育，于是他们会传达出一些理念，比如：

"你看那些打扮得花枝招展的女孩，都不是什么好女孩！女孩就是要穿着朴素！"

"不要跟男生走得太近，有那么多女同学不能一起玩吗？为什么非要跟男同学做朋友？"

当然也包括刚才提到的，会潜移默化地告诉你月经是脏的，与这些相关的一切都是脏的。

父母不恰当的性引导，会导致我们自我攻击，而这一切，常常发生在不知不觉中，但影响却很深远。除了会带给女性羞耻感，还会带来脆弱感和无力感。

因为它让女孩子们很焦虑，却又无能为力。比如，每个月来月经的那几天都会特别紧张，生怕被别人发现，但是自己又不能控制住不让它来。再比如，在我们开始关注外在形象的时候，压抑我们这方面需求，我们就会对内心的冲突不知如何是好。这些都会削弱我们的力量感。而且，我们还常常听到这样的话：

"这么重你搬不动的，找个男生帮你。"

"女孩子更适合学文科，理科思维比不上男生的。"

大多数成长中的教育，是我们的父母在面对着一个渐渐成熟的孩子时，告诉他（她）：你是脆弱的，你是没有能力的，你是弱小的。而且，通常削弱我们力量的，很多时候是我们的母亲，因为往往她自己就携带着某种创伤。就像小美的大姨和母亲，我们并不清楚她们经历过怎样的创伤会让她们对小美过度保护，唯一可以肯定的是，这份创伤也有从小美外婆那里的继承。

类似从邻居男人手里夺过来这件事，在小美的成长中其实不断地重复着。虽然她并没有体验到来自自己身体方面的创伤，但是她却继承了母亲甚至母系家族的创伤。由于这些创伤，她就发展出了某种关于性的心理意象：这是肮脏的，是令人恐惧的。如果让男性靠近我，我是会受伤害的。关键这是母亲的理念，作为一个孩子，怎么敢背弃母亲深深的信仰？而且，这样的恐惧进一步衍生到她的自我认同，泛化到她的女性特质，她不太喜欢自己身上散发出的女性魅力。直到受她老公出轨的事件刺激后，她才意识到女性魅力的确对自己来说是个空白，而她的整容等行为也是为自己的女性气质所做的努力。只可惜，这不是她的问题的根本。

-社会影响-

讲到这里，我们就继续来看看，当一个女性成人后，她又怎么来直接面对社会塑造她的女性角色。

我想这方面我们都有太多的话要说了吧。

首先，说性乐趣。我们常说男人是用下半身说话的动物，可以公然承认男性有着强烈的性欲，但却没办法承认女性也有。这是世界各国都有的现象，而在中国文化下更显突出。甚至在古代，从儒家文化开始推广以后，人们发明了裹小脚来禁锢女人出家门，"贞洁"两个字让无数女性对性产生了深度恐惧。这造成了什么影响呢？我平时接待的女性来访者居多，大多数女性进入心灵成长无外乎亲密关系出了问题，我深刻地了解到，中国女性在性体验上面是多么卑微和可怜。在工作当中，让我很心疼的是，如果夫妻间出现了性生活不和谐，很多女性都会认为是"我自己"有问题，也许是我的身体没有魅力，或者是我就是有性障碍的那个人。

其次，看生育。母凭子贵这个词，我们再熟悉不过了，从古一直延续至今。

有一位女性朋友就曾跟我说："我有一个弟弟，但父母对我们俩都很好，所以我一直觉得男女就是平等的。但直到我怀孕的时候，别人问我想要男孩还是女孩，我脱口而出要男孩，可又说不上什么理由。那一瞬间，我才发现这种男尊女卑的传统观念，在我心里有多么根深蒂固。"

社会的影响太多了，我们就不再多说。

讲到心理，我们就必须从精神分析的经典理论开始说起，也就是弗洛伊德的理论。弗洛伊德对精神分析的伟大贡献，很多时候都是来源于他对女性的研究。我们都知道在维多利亚时代女人的地位有多低，她们终其一生都只有两个阶段：准备嫁人和嫁人。在那个时代，社会和政府大力宣扬女性回归家庭，并且强调女性是家庭天使的观念，定义女性最高的价值标准就是相夫教子。在长期的性压抑的过程当中，很多女性出现了心理上的症状，从而让弗洛伊德开始真正地研究女性。我们都熟知他的那些著名的女性来访者的名字，以及她们对于弗洛伊德在经典精神分析理论上的贡献。

在此基础上，弗洛伊德提出了著名的"阴茎嫉羡"理论。他认为男性焦虑是因为他们害怕在将来失去阴茎，而女性抑郁是因为她们相信自己已经失去了阴茎。只有当女孩看到男孩有阴茎时，才开始意识到自己是一个女孩。我想如果你没有接触过精神分析，可能你对这个理论会嗤之以鼻。

因为我们都是女人，我们可以在我们自己的人生当中去回溯。在婴幼儿时期，我们其实并没有意识到自己和男孩子有什么不同，我们也不会因为男性和女性的不一样而产生对男性的嫉妒，是不是？所以当一个女孩因为一个男孩而定义自己是一个女孩的时候，这样的理论是很难被接受的。其实对于任何一个女人来说，我们并没有感觉到自己失去什么，我们也不会因为别人和我们有不一样而感觉到自卑。说女性会嫉妒男性的生殖器，并由此认定自己一无所有的观点，与女孩的真实体验是不符合的。

弗洛伊德的这个理论渗透在几代人的精神分析中。当然这个理论在现在已经不成立了。所以现在有很多女权主义者会批判弗洛伊德，但我们还是要回到他当时所处的时代，在他那样的时代，女性价值体现在她们对于男性生活的意义，比如作为一个母亲，她要打扫房屋为孩子做饭，这才是她价值的体现。当时的男人是非常看重他们的男性地位的，而那些没有机会得到男性地位的女性，会嫉妒男性的地位，这就是弗洛伊德所提出的阴茎嫉羡理论。但其实我们理智地想一下，作为女性，我们并不嫉妒男性的生殖器，我们嫉妒男性比我们得到了更优越的社会地位和工作机会，我们只是对这个不平等待遇产生了嫉妒。而弗洛伊德在一个女性地位极其低下的时代开始研究女性，开始重视女性的心理，并且在他的研究理论里面将女性心理研究的结果贡献出来，这本身就代表了他对女性的重视和尊重。所以如果从女性主义的角度来说，对弗洛伊德进行过度的抨击，我认为也是不合适的。毕竟每一位学者的认知都受限于他当时所处的时代。

在弗洛伊德看来，每位母亲因为生了一个儿子会感到高兴，没有生出儿子会感到失望，也会因为儿子的成就而心满意足。对儿子的爱，超越这世间任何其他事物。女性的成就，似乎只能通过儿子来实现。听上去与当时中国女性所经历的差不多，也就是"母凭子贵"。

儿子比女儿会得到更多的爱，也是因为儿子被认为比女儿可以给父母带来更多的回报，就像我们通常所说的"养儿防老"。在这点上，我们需要从生命历程的角度去理解。在20世纪初，那个时代女性的平均生命历程约27岁，男性的平均生命历程约40岁。为什么女性没有男人活得长？原因是受限于医学。在那个时代，无论是怀孕还是分娩都是非常危险的事，很多女人因为生孩子而死，而且孩子可能也活不下来。这个原因致使男性有时间接受教育，男性接受教育之后还有很多年可以学以致用。而如果你让一个女人受教育，她在25岁完成博士学位，那么3年之后她可能就会死了，所以教育女性的性价比不高。这与我们现在的时代截然不同。真的是多亏了医学的进步,绝大多数女性都能在生育这道鬼门关活下来,还能生出健康的孩子,并且大多数女性也得益于此,从而比男性拥有了更长的寿命。

在美国南北战争时期,由于很多男性战死沙场,这就导致年轻女性因为没有人可以结婚而拥有了更长的寿命——不用生孩子了嘛。在那个时代,在美国就兴办了许多女子大学,更多的女性开始接受教育,成为医生、护士、律师、商人,并且由于没有家庭的负担,她们珍视自己的事业。当然也由于此,孕育了很多女同性恋者,但这是被当时的文化所接受的,也就是历史上著名的波士顿婚姻。因为她们在生活中没有男人可以选择,反而给女孩们提供了一种新的成长方式。这让女孩们知道她们是有其他选择的,她们可以成为受过教育或专业培训的人,所以她们的价值可以超越自己的繁衍能力,延伸到从经济上去支持自己和社会。

所以我们看到女人是如何被定义的,以及女人如何看待自己,很多是与当时的社会环境相关的。

我们想想看,从心理上,我们为什么会感觉到第二性?我记得自己还小的时候,完全没有男女的概念,就算知道男女生理不同,我依然没有感受到任何不同。我好像只是盼望着早点长大,在公共浴室里看到成年女性乳房隆起,下半身有黑色的毛,只是知道自己以后长大也会变成这样,仅此而已。我并没有感觉到男女的不同,只是有小孩子和成人不同的概念。并且在我读初中的时候,班级里的女生会私下讨论谁第一个来月经,我清晰地记得当时的感觉,来了月经的女孩子似乎就被我们奉为在某方面比较出色的女性,好像她考了全班第一一样的令人羡慕。而永远坐在第一排的我一直暗暗着急，为什么月经还没有来，就像我的学习成绩一样的落后于他人。也就是说，作为女性，我体验到的，我们是做好准备去迎接成为一个女人的，我们内在是会为此而骄傲的。那是什么让我们在成长中感觉到我不如男性呢？

以上从生理、心理以及社会环境上来探讨对女性的性别认识，对你来说会不会有所启发？

-从今天起，享受自己女性的身体-

总结一下，女性不是天生的，而是后天养成的。关于女性的定义，我们是随着成长才逐渐体会到的。社会环境和家庭环境对女性的双重洗脑，对我们的自我认同影响非常大。伴随这些环境的影响，我们不知不觉形成了和"我是女性"捆绑在一起的羞耻感、脆弱感、无力感。

我想邀请你，从今天起，先去尝试享受自己身为女性的身体。

想一想，每个月月经从阴道口流出，这是身体非常干净地保护自己的方式，它是我们女性特有的生理机制，是为了迎接未来要来到的婴儿。你的身体一直都在爱着你。

尤其是痛经的朋友，已经有很多证据表明，痛经跟内心深处不认可、不喜欢自己是一个女性有着很大关系。请你也尝试每天摸一摸自己的肚子，感受子宫一直在默默地向你表达爱意。至少在痛经的那几天里，建议你去安抚一下你的子宫，它在为你的身体承担着清理打扫的工作。

同时我也请你一定要认真地对待自己。且不管究竟什么是女性力量的来源，羞耻感绝对就是我们女性力量的杀手，而与此相应的，对性魅力的认可，就是我们女性力量的基石。所以，开始去允许自己释放更多的性魅力吧，大方地展现自己迷人的一面。

此外，我们最初感受到"我作为一个女人是否有价值"，很大程度上来自自己的母亲。所以，读完这些内容如果让你想到了什么，建议你把它写下来，写的过程，也是自我梳理和疗愈的过程。

希望以上内容能帮你更好地理解自己，你也可以继续梳理自己的成长经历，看一看在你的自我认识中，对性是什么样的认识？有多少影响来自社会，有多少影响来自家庭？

第二章
女性羞耻感的来源

本章中，我要从精神分析的角度，也就是从性和性欲的角度来解释女性的心理冲突，最重要的就是分析女性羞耻感的来源。

前面提到的经典精神分析流派，也就是弗洛伊德提出的阴茎嫉羡的理论中，认为男性焦虑是因为他们担心失去阴茎，而女性抑郁是因为她们出生就没有阴茎。但这么多年的现实情况是，在日常生活中，很多女性更容易焦虑，而男性则更容易抑郁。关键是女性的焦虑并不是来自我们没有阴茎这件事，而大多数是来源于害怕被强奸，也有可能是担心自己的生殖问题而失去生殖能力，也有可能会担心男性在性生活中粗暴地对待自己，从而失去性快感的体验。

美国精神分析专家阿琳在她的文献中做过总结，女性生殖器焦虑包含很多明显的恐惧：第一，对于插入疼痛的恐惧；第二，对于丧失快乐的恐惧；第三，对于丧失生殖功能的恐惧。一个女孩可能有这些不幸当中的任何一个，或者全部都感到恐惧。所以说，传统的精神分析认为女性的阉割焦虑是因为害怕失去一个幻想中的阴茎，或者女性相信自己已经被阉割了。

但事实上，我们女性并没有这样的想法。

大家也知道，精神分析理论中的性，更多的内容涉及的是一种内在的心理动力,比如有的女性害怕单独一个人在家里,或者在晚上自己独处的时候,会听到各种各样奇怪的声音,或者有的女性会害怕漆黑的街道和停车场,会担心穿过这些地方的时候可能会有坏人或者是强奸犯。其实这些都是来自对性的恐惧。而如果一个女孩在成长的过程当中,体验到任何一种或者多种恐惧的话,就会引发她的内疚和羞耻感。我们知道,在女性成长过程中,妨碍我们对自我身份认同的,很多就是来自我们自己的内疚和羞耻感。

之前我提到的月经羞耻,在我们这代人身上竟然还会有明显的烙印。上学时突然来例假,去问同学借个卫生巾都感觉像做地下工作一样小心谨慎,而这些记忆基本都来自我们的母亲。但是大家想想看,经历月经这件事真的是羞耻的吗?

月经从阴道口流出,本质上这是保护自己身体的一种方式,因为我们的生理结构这样去设计,是为了保证我们每个月都可以正常排毒,而这个排毒其实就是为了满足我们女性特有的生理机制,也就是为了保护即将来到的婴儿,从而让你的阴道永远保持干净。因为在不断的经血的洗涤过程中,它也一直在给你做清理,帮你隔离一切脏东西。所以从一定的角度来说,我们为人父母有一个非常重要的任务,就是要告诉自己的女儿,你的月经是有价值的,它在保护你,你的阴道也是有价值的,这是你成熟和成长的标志。也就是说,父母要对孩子的性成熟进行一定的赋能。

我之前跟大家分享过,女性是如何养成的。其中非常重要的一个观点是:你对女性的自我身份的认同是由文化塑造的,而家庭在一定程度上就是文化的代言人。也就是说,我们大多数成长中的教育,是父母在面对着一个渐渐成熟的孩子,告诉孩子你是脆弱的,你是没有能力的,你是弱小的。大家想想看我们的身体接收到的信号其实是喜忧参半的,一方面我们的生理功能日渐成熟,来月经代表着我有孕育生命的能力了,想想这是多么伟大的一件事情啊。但我们从父母那里体验到的又是：它是非常脆弱的,甚至它会损坏我的价值。

所以,小结一下,小女孩通过练习对她的阴道和肛门的掌控能力,体验到的是掌控自己生殖器的力量,也在这个过程中,体验到了性兴奋,获得性满足的能力。从生理上来说,这个能力是非常重要的,因为这是生育孩子的基本能力,也就是说,女性对自己阴部周围肌肉可以任意地收缩和扩张,这会让一位女性增加力量感、重要感和掌控感。但随之而来的性成熟带给女孩的却是力量的削弱,这就给女孩带来了焦虑。更可怕的是,如果这位女性在成长的过程中确实经历了性创伤,那么她的恐惧感就会进一步被强化。

英国的一项调查研究显示,43%的女性患有心理性的性障碍,我相信在中国这个比例可能会更可怕,至少会有一半吧。心理性性障碍,可能会表现在没有性欲、身体上缺乏激情、排斥被挑逗、没有性高潮或者是性交疼痛等,当然还有心理上的焦虑抑郁或者承受曾经遭受过的创伤,都可能造成以上心理性性障碍。我们前面的内容是从精神分析的角度来谈论女性性心理,但我们必须面对更残酷的现实,就是在中国的文化体系下,性乐趣对于中国女性来说就更难了。受儒家文化影响,有很长一段时间,女人是不被允许出家门的,因为女人是男人的附属品,是私人财产,甚至发明出裹小脚来禁锢女人出家门,"贞洁"两个字让无数女性对性产生了深度恐惧，性自然就成了女人的禁忌。别说性乐趣了，连性教育在很长的一段时间里都是一个忌讳的话题。而越是禁忌，女性就越是缺乏保护自己的必要知识，从而受到性骚扰的状况就越是广泛。

我曾经听过一个节目说道，女性在成长的过程当中，没有任何一个人没有经历过性骚扰，我特别认同。性骚扰并不局限于性行为，很多是身体上的触碰和言语上的骚扰。又由于性冲突所带来的羞耻感，在中国性骚扰被举报的比例非常少。其实在中国的文化下，女性不被允许享受性，也有一部分原因是来自我们的集体文化，我们是非常不重视个体的满足感的，而性体验的感受本身就是一个非常自我的感受。我有权利让自己的身体得到满足，去体验美妙的感觉，但这似乎总是等同于自私。而与性有关的牺牲奉献、取悦别人，比如生孩子或者配合我们的伴侣进行性生活，倒变成了一种义务。性的集体需要是繁殖，性的个体需要是性乐趣。就这一点，让本就活得非常艰难的中国女性在谈及自己的需要时更是雪上加霜。

你看到这里有没有感觉，无论是从一个女性的性心理的发展来看，还是从我们的整个文化来看，凡是和性相关的，都是外来的一些概念在不断地告诉我们这是羞耻的。美国有一位女性心理学者研究发现，当性作为婚姻的一部分和义务联系在一起的时候，责任就会大于渴望，所以妻子的义务是女性激情的最大杀手。就好像提到性我们总是配合的，而与自主没有关系。或者性就只是承担生育的任务，无论是哪一种，都不是取悦自己的方式。

所以我们怎么能够体验很好的性生活呢！我们的大脑只会告诉

我这是义务。想让我们对性有兴趣，必须让我们自己有闲情逸致，对不对？我心情好了我才能有这个想法，但是传统的好妻子、好妈妈的形象让我们在现实中疲于奔命，哪还有心思和时间去考虑性乐趣的满足。毕竟大脑是我们女性最大的性器官，大脑不开心，怎么会产生性乐趣呢？

女性的性欲冲突和由此带来的性羞耻感，对女性的自我价值的认可和一连串的连锁效应，都会对我们的自我认同产生非常大的影响。你可以在这个章节后好好地复盘一下自己的成长经历，在你的成长当中有没有感觉到无助或者害怕，或者是纯粹地怕黑一个人不敢出去，其实类似的这些症状都代表了一个信号——来自我们性的创伤。如果可以的话，你可以将这些有关性的创伤，无论是你被告知的言语性的，还是自己曾经在生命当中所经历的，都慢慢地写下来，或者将这些告诉你所信任的心理咨询师，让那些创伤在表达的过程中得到疗愈。

同时我也请你一定要认真地对待自己。女性的性体验和大脑连接得非常紧密，当我们获得更好的性体验的时候，大脑会产生很多多巴胺，而这些会让我们感觉自己更有力量、更自信，同时又会增加我们对自己性魅力的认可程度。如果说什么是女性力量的来源，羞耻感绝对就是我们女性力量的杀手，而与此相符合的对于性魅力的认可，则是我们女性力量的基石。如果您是拥有女儿的母亲，请您务必要在孩子成长的过程中告诉她，她的日渐成熟就像她能掌控自己的身体一样，充满力量。

第三章
女性的自尊,怎么被塑造得如此脆弱

上一章我们围绕"性"这个话题,回顾了女性从小到大,是怎么一点点在心里埋下了羞耻感、脆弱感的种子。这是一个相当内在、相当潜意识的存在,如果没有深入探查,是不是很容易就忽略了这种隐隐作痛的感受呢?

另一种感受似乎每天都如影随形地伴随着我们,就是自卑感。它本质上就是由潜意识里的羞耻感和脆弱感泛化而来的。比如我经常听见一些女性自我谴责的声音:我这样的脾气是不是不太好啊?我这样直接表达自己的意见,会不会让别人感觉我太强势啊?我老公出轨了,是不是因为我的身材不好了?

接下来就来深入探查一下女性的自尊,以及我们该怎么让自己变得自信自强。

-女性善于自我反思和批评-

我经常会感慨,为什么进行心灵成长、学习心理学的女性会那么多?其实根本就不是我们的问题更多或者我们更脆弱,而恰恰是因为女性似乎更具有反省能力、反思能力,所以我们总想要寻找答案:"我到底哪里做错了?"

但是大家知道吗?可能我们的一切错误都来源于这一点。如果反思觉察能力恰到好处，那当然说明这个人心智化能力高，她可以成长得更快。但是如果反思觉察变成了过度的苛责，那只能说明我们太自卑。

我生活当中接触过很多女性，包括我自己，总是习惯性地对自己鸡蛋里挑骨头，好像每天都会进行好多次的自我批评。这些自我批评有一些是显而易见的，比如我前面提到的那些，如果你稍做觉察，你会感觉到对自己批评过度了。但是还有一些自我批评是非常隐蔽的，如果我不说出来，你甚至可能都没有觉察到它的存在。

比如说，你对你自己的外貌满意吗？我猜测你一听到这句话，立刻就想到了：我的鼻梁不够挺，我皮肤不够白，我的腿型不好看，我个子太矮了，等等。爱美之心人皆有之，对自己的容貌挑剔一点，不正是爱自己的表现吗？

但我们不得不说的是，很多人会因此不穿任何可能暴露缺点的衣服，必须化了妆才肯出门，还会在找对象的时候不自觉地降低要求，因为觉得自己不够美，遇到颜值更高的同事或者领导，会不自觉地少了底气，有些自己认为正确的事也不敢去争取。外貌上的瑕疵，似乎成了心中的一根刺，时不时就扎你一下。理智上我们谁都知道人无完人，但就是没办法允许自己有不够美的地方，做不到明知道自己的缺点但依然坦然大方。我们中国女性可以说有资格拿到"全球最擅长自我批评小姐"的大奖。

我有一个认识了 20 年的朋友，我们曾经是同事，相处几年后就各自跳槽了。若干年后我在路上偶遇到她，我发现她变美变漂亮了，身材修长，原来她是个娃娃脸，可是那次给人的感觉就是一个气质美女，那大概是在 10 多年前。之后我们就互相留了微信。接下来我就在她的微信朋友圈目睹了一位女性的医美成长史。

其实现在做微整多么普遍，我也不觉得有什么问题，给自己的脸做一个小小的调整，然后让自己的皮肤恢复原来青春的状态，自己的心情也会跟着好起来。只要经济能力允许，这都是取悦自己的方式。

可是就我所知，我这位朋友从事的工作还是比较普通的，收入还是有限的，她的收入是跟不上她"变脸"的花费的。我用的是"变脸"，因为的确带给我这样的感觉。前段时间我把20年前我们的照片翻出来，我甚至恍惚间都感觉她换了一个头。看着她现在锥子脸的照片，我还真的是非常怀念20年前那个圆滚滚的小脸蛋。而我们去年有一次再见面，我坐在她面前，除了感觉到扑面而来的焦虑外，我真的感觉她非常陌生。像这样的网红脸和与此相搭配的焦虑，如今在很多短视频平台上都能看到。

–社会塑造了统一的女性标准–

当我们谈到什么样的女性是美的，可能你内心会浮现出一些形象，你有没有发现，这种形象在一个阶段内都是固化的。

比如说，各种广告、影视剧会让我们觉得，女性必须要停留在某种年龄阶段，才是美的。似乎年轻、漂亮，这才是美的唯一标准。

关于女性的内在形象也是如此，尽管这些年女性的形象已经多元化了，有温顺乖巧的，有俏皮可爱的，有优雅知性的，有气场很强很飒的，也有酷酷的中性风……不过在生活中，我们在那些不那么柔弱的时刻——比如一个人拿很多东西，一个人去医院看病，或者跟别人争论不同观点——是不是还是喜欢自嘲：我这也太不女人了!

我们对女性的刻板印象在松动,但需要时间,那些固化了的社会标准还是在我们心底隐隐地叫嚣着。

－社会标准在塑造我们的"自我"－

了解心理学的朋友大概会知道,我们并不是天生就有自我意识的。小婴儿只知道饿了要吃奶,不舒服了就哭,大概在一岁多,才会把自己当作一个独立的人来看,心理学上叫客体自我,就是通过环境、别人的反应来认识自己。有一个著名的实验叫"红点实验",就是在88个婴儿鼻子上点个红点,他们分别在3个月到2岁之间,然后让他们照镜子,观察他们的反应。结果发现,15个月以上的婴儿会看着镜子里的那个红点摸自己的鼻子,也就是说,他们知道了镜子里的那个小孩就是他自己。

随着我们长大,我们会越来越多地通过外界对我们的评价和反应来认识"我是一个什么样的人",心理学上叫"镜像自我"。

那么哪些东西会成为我们认识自己的镜子呢?可能是妈妈的一句"你是个女孩,怎么能这么调皮?衣服都搞脏了!"可能是老师的一句"女生嘛,我认为学文科比较好。"也可能是同事的一句"又加班吗?你家宝宝怎么办?"但是,最大的一面镜子,就是这个社会了,因为所有人传递给你的信息,都有社会这面大镜子的影子。

我们仿佛置身在一个满是镜子的房间里。不知道你有没有去这样的地方玩过,大大小小的镜子里,照出很多个不同的你。它们围绕着你,在告诉你:你看,你是这样的,你是那样的,让你根本无法忽视。

请你回忆一下，在你的成长过程中，都有哪些一下子就能想起来的女性形象？

拿我做一个例子。我是"70后"，是跟着中国女排五连冠长大的，我小时候最喜欢看的一部电视剧是《排球女将》。长大后，在电视中经常看到琼瑶剧、武打剧、港剧，接下来就到了2000年之后的宫斗剧。

你看，如果是一个"85后"女性，她可能一开始接受的就是琼瑶文化；如果是一个"90后"孩子，她可能一开始接受到的就是女性之间为了取得男性权威的认可而勾心斗角的文化。越早接触到的社会文化，对于我们的自我意识来说，影响越是根深蒂固。因为我们小时候没有辨别能力，我们接触到它，就会认为这个世界就是这样的，我也应该是这样的。

在现代，如果从受教育程度和就业状况来说，女性得到的机会的确比30年前多了太多，然而我们也悲哀地看到，整个文化在逼女性意识倒退。曾经女性是可以顽强拼搏，在赛场上去厮杀、去夺得世界冠军的，这些给女性传递的潜意识是非常有利于我们发挥自己力量的，它代表的是：你可以！你能做到！

而我们现在的影视作品，就算是现代剧，也习惯让一个女性委身于一个霸道总裁，她才能够活出自我。也就是我们的女性价值一定要靠一个男人来赋予，或者是女性一定要靠男性，她才能成长、才能有所成就。

可事实真的是这样吗？到底是谁在掌控这一切呢？

下面我想分享一个小故事，因为我猜测，不少女性朋友应该都有过跟我类似的经历。

我印象非常深刻,在我20岁出头的时候,有一次午休时,我在公司办公室化妆,一位男同事漫不经心地说了一句:"女为悦己者容啊。"说实话,他说这句话也没什么问题,只是我当时很本能地就说了一句:"没有啊,我只是为了自己心情好。"

结果他非常夸张地说:"不可能!你肯定是有约会才化妆的,不谈恋爱你化什么妆啊?"虽然当时作为20出头的年轻人,一时间好像无力反驳,但是这句话在我心里回荡了很久。

作为一个女人,我内在的心声真的是:我化妆只是为了让我自己心情好啊,这是真话。而作为一个男人,他无意识的这句话,也是多么地顺理成章。一个女人美不美,需要通过一个男人来确认,任何事情都是为了取悦男人而去做的。这个理论我从心底里觉得不服啊。

在这之后的职业生涯里,我也遇到过无数次类似的场景,它们仿佛一直在提醒着我:女人要依附于男人的评价而活,你是不是个好女人,男人说了算。

你有过类似的经历吗?比如说在开会的时候,男老板会开一个女性的玩笑,但他并没有意识层面的恶意,比如他可能说:"你长得还行吧,肯定有男人要你的。"这样的一句玩笑,通常会引起大家一阵哄笑,可能我们并不觉得有什么。或者在家里,夫妻俩吃完饭坐在沙发上刷手机,老公会习惯性地跟老婆说:"你没事的话,去看看孩子吧?辅导一下作业。"老婆不高兴地嘟囔一句:"你怎么不去?"但是身体还是很听话地站了起来,把手机放一边,走到儿童房里去。

这样的场景太多,太多了。

你是习惯了，并不觉得有什么；还是隐隐约约心里不舒服，但是跟着笑一笑，让做什么就去做什么了；还是说会提出来，"这样的玩笑不合适"或者"我很累，想独处一会儿，你可以去辅导作业吗？"

社会文化仿佛一个染料缸，我们浸泡在里面。它不停地告诉我们，什么是美，什么是优良品质，什么是形象出众，什么是女人该做的，什么是女人不该做的。久而久之，我们很难不盲从。于是我们会拿着这个标准，不断跟自己比较，跟别人比较，鞭策自己变得更达标。

想一想，那些我们感到不舒服，但是不敢按照我们的心意去行动的时刻，我们心里发生了什么？

是不是这样的：

——我也想要自己的空间，不想老围着孩子转啊！哎，这么想好自私啊，我真不是一个好妈妈。

——没男人要我怎么了？我一个人也能过得很好。呃，这好像是气话，要是一直没对象，多丢脸啊。

——每次都嫌我做的饭难吃，你不也不会做吗？可是，男人不会做饭似乎确实情有可原，我连简单的菜都做不好，真的是有点差劲了。

……

听我讲的这些话，你感到熟悉吗？上一秒还在自己的真实感受里，下一秒就认同了社会告诉你的女人的标准，瞬间没了发火、没了特立独行、没了提要求的底气，觉得"还是我不够好"。

-重新审视你心里的女性标准-

怎么能真的有底气去做自己呢？有一个很简单的小动作，就是每当你有情绪但是习惯性压下去的时候，去看看你有没有"比较"的心理。

可能是跟某个标准比较，比如"我觉得这样才是对的"，也可能是跟别人比较。在我们比较的时候，我们会无意识地陷入非理性的状态，在那样的状态下，你看不到自己的优点，只有一种强迫性的驱动力不断压榨自己残存的自尊空间。关键是比较之后就带来了羞愧感。看！是不是我们又回到了这里？有一位心理学家做了一项调查研究，能让女性经常感到羞愧的项目有12项之多，比如身材、年龄、做母亲的能力、对家庭的付出、对父母的照顾和对身体和心理健康的需求，等等，每一样都可能让女性产生羞愧。看来，我们内心的羞愧感真的是影响发挥我们女性力量的恶魔呀！

所以，请你每当意识到自己又在"比较"的时候，按一下暂停键，问问自己：

这个标准就是绝对正确合理的吗？

我这么跟别人比较有意义吗？

关键是第三个问题：我要怎么做，最能照顾好我自己？

一定要记得，经常问自己第三个问题，否则可能你会一次次停留在"我知道问题出在哪儿，可是我什么也改变不了"的怪圈里。

因为我们不是为了反抗社会标准而反抗的，对吗？我们也不是为了抵制男性而要求性别平等的。我们的出发点很真诚，就是：我该怎么做，最能照顾好自己的感受？我该怎么做，可以满足自己的需要？

当你时刻把照顾好自己这个责任背在自己身上，相信你就会逐渐学会放下自我苛责，学会欣赏自己的独特性，去不卑不亢地表达感受和需要，去把自己变成一个更从容、更有趣的人。

　　亲爱的女性朋友们，要记得，背负起自己的人生责任，只有我们才会真的为自己考虑，争取幸福。那句话：我要怎么做，最能照顾好我自己？这是解决一切纠结的答案。

第二篇 家庭篇

小雪的多样人生

每一个我都不是我

2022 年 3 月 22 日

我是一个主播。

我累积到今天的粉丝数并不容易。

是的,我是不能跟那些大 V 比,动不动几百万上千万的粉丝,但我每一个粉丝都是自己努力争取来的。除了最初的 5000 个粉丝外,从 5000 人到 25 万人我花了整整 8 个月啊!今天关闭直播间的时候,后台的数据竟然一下子掉到了 18 万人。一场持续了 5 个小时的辛苦直播竟然让我掉了 7 万粉丝。到底是什么人在我直播间捣乱,到底是什么人在黑我,为什么要这样对我?

等下,我要冷静一下,现在不能生气了。我要冷静想一想。

是从客青云开始的。对,就是他,或她?

从他开始说我的名字是假的开始。对啊,可谁在网上用真名?他说我每个平台用的名字都是不一样的,还说我作品很多都是抄的,或者直接搬运的。嘿,好笑啊,如果是原创的我会标"原创"的好嘛,搬运的我不会标的啊。而且我没有抄啊,我最多算是模仿,问题是大家都在模仿,为什么要盯着我、指责我,我哪里得罪他了,要这样整我。

我在直播啊，难道我还要把一个个视频搬出来让大家知道我哪个没抄、没搬运吗？为什么要一起盯着我，之前那么支持我、爱护我，给我刷保时捷、嘉年华，今天就因为客青云说的这些开始指责我。下了直播我才看见原来晒了那么多所谓的"证据"在粉丝群里！怪不得大家说话越来越怪，为什么大家就那么容易被煽动。说好的爱我呢？

但是人数真的是哗哗哗往下掉啊，当时我说话声音都颤抖了，为什么会这样。一群人在直播间叫嚣着取关我，我真的害怕啊。我一个高中生，走到今天，每一分钱都赚得干干净净，我努力的汗水你们看见过吗？你们试过一天直播18个小时，连饭也不吃，上厕所都恨不得赶紧提裤子赶回来，就怕掉粉吗？今天却噼里啪啦地指责我。

对，我是害怕了，我怕观众都走光了。我只能承认我是抄了几个，我当时真的是慌了，我想至少这样说大家还能看在我有诚意的份上留下来，不至于取关，这样我还有时间再跟大家解释。

可是怎么能这样呢？我否认的时候，只掉了1000人，而当我承认以后，掉得就更疯狂了。那我到底应该怎么办？否认和承认都不对，说我心里有鬼，说话前后矛盾，我哪有，我还不是被逼无奈！

那会儿我真的情绪已经快撑不住了，我的哭腔已经出来了。

是一个叫墨墨的女孩子说的吧，看上去她挺好挺善良的，她说大家根本不给小雪机会，大家这种行为是网暴。对啊，就是网暴啊。看到这些话我真的哭了，眼泪流了出来，今天的妆又特别浓，合作商家的眼线液实在太差，我在镜子里直接看到自己妆花了。可是我控制不住还是流泪了。

直播间终于消停了。

我看到大家的评论停止了，突然就收不住了，我真的受不了了，索性就直接哭了。

有人还起哄说让我哭着唱，好，我今天就哭着给你们唱。有人还要我关掉声卡唱，好，我就关掉声卡。我就是天生好嗓子啊，有没有声卡区别大吗？

又有人跳出来说我的脸也是假的。这个人，我恨你一辈子。

在当时那样的情境下，我的心脏都跳到了舌头上了。大不了关美颜啊，谁怕谁啊！

灾难就是这时候开始的。

我根本不知道发生了什么，我怎么知道平台默认的是变老的特效。当我伸手关美颜的时候，我在手机里看到了一个60岁老太太的脸，我都惊呆了，我怎么是这样的。我就这样愣在原地，手忙脚乱的，我不知道是哪里出了问题，因为这不是我，这不是我啊。

但没人听我的，我怎么也调整不回去美颜或者不美颜的样子，整个手机卡死了。

我拼命解释："你们等一下，出问题了，这明显不是我啊，这是老太太啊，我不是这个样子的啊，你们听我解释啊。"

可我怎么说都没用了。刚刚安静的直播间里，评论区刷刷地过着评论，眼泪和眼线液已经把我的视线弄模糊了。我不想这样，我想让大家看看这是故障，但没人信我了。

那些原来只是观望的、质疑我的人，也变成了骂我的、羞辱我的人。

我呆呆地看着评论，整个人僵住了，我动弹不得。我动什么呢，手机也卡死了，像我此刻一样。

终于，我被我自己卡出了直播间。

我去卫生间洗了把脸，我把我糊了一脸的黏糊糊的黑泥巴都好好地搓洗了一遍。我要让大家看看，我纯素颜到底什么样子！

这是我有生以来洗得最长时间的脸吧。刚洗完，就又被我哭花了。我把自己洗了四五遍，我要洗得干干净净！

我还是太天真了。

我已经打不开直播间了，平台提示我遭到举报，被暂停直播，但允许我申诉。

哈哈，申诉？平台讲不讲理？哈哈，我该如何申诉你在关键时刻将美颜变成变老特效给我造成的经济损失呢？

但我还有什么办法呢？我还是要面对这些啊，我只有靠直播啊，我只有靠这些粉丝啊，我还能怎么办呢？对，我现在需要一个故事，能把这些乱七八糟的事解释得通的故事，我不能损失这些，这是我拥有的全部，我输不起。

我究竟怎么了

2022年4月10日

这咨询师靠谱吗？她最后几分钟说的那话什么意思啊，意思我就是个撒谎精？

要不是小莉看我瘦成皮包骨，几天几夜睡不着，还大把掉头发，她生怕我要死了才把你介绍给我的好吗？我还付你600块钱一小时，你就这么看我的？不是说咨询师都向着客人的吗？不是，他们不叫客人，叫客户？不是，叫来什么者？唉，反正就是应该把客户当上帝的好吧！我都不敢得罪我的粉丝，要不然我能把自己搞成这样？那你这样说我，我凭什么信你，我凭什么去找你啊？对。我也要像我的那些粉丝们一样，取关，哦，不，拉黑你！

唉，那我怎么跟小莉交代啊。这傻丫头给我一下子交了四次的钱，也不知道能不能退。小莉待我是真好，可能她就是我在这个冰冷的城市里唯一一点温暖了吧。

等下回家怎么跟她说呢，我说她介绍的老师不好？那她会不会感觉我真的无药可救了？再说她也是好意，这点钱也不是大风刮来的，虽然我要给她她不收，但如果我不去，那不是反倒对不起人家了？那下回我就按点去，然后去肯德基坐到结束算了。那这个老师会不会找小莉啊？唉，烦死了，我编个什么理由跟小莉说呢？

要不我就跟小莉说这老师对我们这个行业不太了解，她理解不了做直播的怎么能把自己干成营养不良，干成要想尽办法取悦粉丝，这些她哪能理解啊。她这职业就坐那儿，靠耍嘴皮子，看你哭的时候说两句好听话，钱就哗哗到手了。我从来没感觉一小时过得那么快！她这钱也太好挣了。

不对不对，继续想怎么跟小莉交代。

要不我跟她说我朋友给我介绍了一个300块钱的咨询师，也能看我这种情况，给她省一半钱呢。唉，也不行啊，到时候怎么退她，万一退不了，是不是我还得自己掏剩下的钱还给小莉？唉，太麻烦了。我再想想。

等会儿，我现在是在干什么？

我要找个理由告诉小莉我再也不去见这个咨询师，因为我不想伤害小莉，因为她对我好。但如果小莉知道真相，知道我没跟她说真话，会不会生我的气？

天哪。我没说真话！

我缓缓，这……这难道就是这个咨询师说我的问题？

我捋捋。

对，上次她问的小时候父母在我几岁离开家的，我是说三岁。但我说的不是个大概的时间嘛，谁能记得清楚小时候的事，我也就是听我爷爷奶奶说的啊。而我这次改口说五岁，就是我上回回来想了一下觉得应该是在五岁才对。

是，我说完五岁又改口了。我改口，是因为她看着我的样子好像是在质疑我说的话一样，那口气，那说的话："你这次确认吗？"好笑。这话说的，真是高高在上，好像是在审判我一样。现在我反正说什么她也不信，就不该改口的，改完口就被她盘问：怎么信息前后不一致。

她这记忆也真够好的啊，我来苏州的时间，我到底谈了几个男朋友，她都给我记着呢。有时候我哪记得这么清楚啊，有的时候说话不就说个大概嘛，这又不是什么特别重要的事。重要的事是我被网暴到要退网，重要的事是我一个多月都开不了直播挣不了钱，重要的事是我好几个平台都被人追着骂。这些不是更重要嘛！

是，我的确有的时候粗线条了点，有时候被追着问的时候，我就会烦。我从小就这样，我特别烦别人追着问我事实是怎样的，我烦别人不相信我，因此，我就会随便找一个人们喜欢的理由。因为我说什么不重要，事实是什么更不重要，重要的就是大家想听什么。按照大家想听的说，不行吗？

这个感觉好像又出来了，刚才也是这个感觉，就是心慌，挺慌的。

咨询师刚才问我是什么感觉，好像和现在这个感觉挺像的，心脏仿佛要跳出来了。心慌。还真是，她这点说的对，我老是心慌，这个心慌从小就有。上次直播的时候我慌得最严重、最厉害，慌得心要从嗓子眼里蹦出来似的。

我只是不想事情太麻烦，真的。找理由怎么能算撒谎？撒谎是不是要达到某种目的？我找理由有什么目的，我要占什么便宜？我的每分钱都是干净的，是我努力赚来的。我又要骗谁？这怎么能叫撒谎呢？

对，"撒谎"这个词是粉丝说的，这位老师就是借用一下，但她也是这个意思嘛，认为我说话前后矛盾、漏洞百出，认为我在骗人。

这难道就是大家认为的撒谎和骗人吗？天，这就是王乐跟我分手的理由吗？我还记得当时他狠狠地把我推倒在床上，恶狠狠地瞪着眼睛说我嘴里没一句实话。难道也是因为我为了让他别起疑心，为了让他舒服找的那些理由吗？老天讲不讲道理啊，能不能讲点道理，即使说我撒谎，那也是善意的谎言好吗，我还不是怕他疑心，他老是嘀咕那些给我刷礼物的大哥，生怕我喜欢上人家。

难道我真的是一个爱撒谎的人？我不是啊，我本意不是这样的。

我也不知道为什么会这样，我没恶意的啊，我不想害谁，不想占谁便宜啊。

我真的是老在撒谎吗？

反复出现的梦魇

2022 年 4 月 14 日

眼前怼着弟弟的脸，白白圆圆的，还是他 5~6 岁时候的样子。一脸坏笑。这个笑我太熟悉了，很多家里的老二都会比较皮，跟家里的老大对着干。但皮着皮着也会向着自己的姐姐，还能在关键的时候惦记着好。

但我家这个，完全相反。可能就像咨询师说的，等我和他生活在一起时，我们之间已经错过了最珍贵的童年了。那意思就是感情基础不好呗。

他就一直是这样的笑，但这个挂在脸上的笑非常诡异。因为嘴角的幅度很小，只有很近的距离才能发现，拥有这种笑容的主人处在很安全的位置，因为只要他一扭头，就可以以最快的时间收回笑容，面对怒气冲冲的妈妈，这是一张无邪的面庞。

我从小就看他这么演。这个画面我睁着眼都想得出。他现在又这样挂着一丝笑地看着我，当妈妈喊他时，他把厚重的脑仁留给了我。但我看得见他的脸，我眼睁睁看着他继续他的表演，用他平静的脸，好像这事跟他没关系，一副刚知道的样子。

顺着他的大脑仁往上看，就是妈妈的怒目。

四周的墙上好像是我刚回家时的样子，那时的感觉很陌生，还有一些恐惧。对，咨询师让我尽量回忆感受，就是这个感受，下回我告诉她。妈妈背后的五斗橱是家里看上去最像样的家具，据说也是妈妈的陪嫁。我在小时候没离开这个家的时候，据说爸爸总会把我举到五斗橱上，让我看看世界。那会儿还有个什么电视节目，爸爸一看那个节目，就跟着女主持人喊："不看不知道，世界真奇妙！"顺便逗得我在五斗橱上咯咯地笑。

爸爸应该是想过让我看世界的吧？至少那会儿他想过，他一定想过。

"李贞弟，你做过没有？"妈妈的怒吼把我对她背后有关五斗橱的回忆打断了。

这是一张35岁左右的脸，是妈妈年轻时候的脸。妈妈年轻时真好看啊，虽然有很多皱纹，但是脸白白的，一白就显得好看。可是这点也没有遗传给我，只给了弟弟。我每次上妆都要盖好厚的一层粉。

妈妈没有继续理我。她一直这样，基本不跟我说话，能跟我说上的话就是问我问题。也不是，她其实没想问我要答案，她就是吼一个问题出来，她没耐心等我的答案。妈妈挺多事要忙的，除非我遇到问题，要不然她还顾不上我。

照咨询师的话说，我们母女是靠问题来链接的。真是酸楚，天下还有这样的关系吗？

我跟在他俩身后，夜黑得很，这条路我们走了几万遍了吧。

妈妈走在最前头，我断后，弟弟在当中夹着。妈妈一直在和弟弟聊天、说话。我就一声不吭地跟着。

我无数次想过，如果从旁边的地里钻出来个人，捂着我嘴把我掳走了，我妈能注意到不？不能吧。她做事风风火火，脚底下好像踩了风火轮一样。一旦有目标，比如哪里有钱赚，或者哪个店的物件便宜，她脑壳里只剩这一个目标，啥也看不见、听不见了。最多还能想到弟弟，对，因为弟弟也是她一直以来的一个目标，好不容易有了弟弟，怎么能不关注呢。其他再多的人和事，她也容不下了。

我设想过几百次，假如道上真出一个歹人，把我掳了，也许我能看见我妈回头找我的眼神，怎么也得紧张一下吧。但那个眼神我想象不出。我还想过要不脚下一滑，摔水沟里，说不定能看到这眼神。不行，我每次想完，就立即劝自己放弃。又不是没崴过，只能被骂、被嫌弃，说我耽误时间了，还能有什么，别自讨没趣了。

"你到底做了没有？"妈妈突然停住脚，拧回头问我这个问题，一张带着细纹的大白脸怼在我眼前，一般跟在这句话之后的是一通斥责。

心脏都好像要跳出来了，血都涌在喉咙口，我感觉脖子越来越粗。

"我……"我想喊，但字都堵在嗓子眼，好像有个人掐着我脖子一样，疼死我了。

"有没有？是不是？"妈妈整个脸罩在我眼前，四下的黑暗都消失了，都是她白白的脸。

我根本开不了口，我要告诉她不是的，不是我干的，是弟弟干的，我要大声说出来。

但就是张不了嘴，我用了好大的力气，气都憋到了嗓子眼，还是不行，我一个字也发不出来。

"就是她。就是她干的！"哈哈哈哈。

忽然在黑夜里蹿出来个人，还说是我干的。这人瞎说些什么，我自己的事自己会解释，你不要跟着冤枉好人。你谁啊，你别瞎掺和。

别靠近，你谁啊，你什么人？唉，你离我远点！

59

对，整个过程就是这样的，我能记起的就是这些。咨询师让我把这段时间的梦都记下来，大概就是这个样子吧。今天这个梦太逼真了，我最后是号叫着醒过来的，醒来的瞬间都感觉掐自己脖子的人松了手，一摸床单，上面都是汗。

我半倚着床，闭着眼把整个梦的过程回忆了一遍。是的，就这些了。可以了，这就是完整的过程了。好的，我去约老师吧。

哦，我知道他是谁了。

噩梦开始的地方

2022 年 5 月 1 日

这半个月是我人生最困难的半个月了，是的，虽然之前自己的人设崩塌，合作全部解约，收入也寥寥无几，但都不如这过去的半个月困难。按照咨询师的话说，这是一种心理上的真空期。对，就是这种真空的状态，是一种我一下子明白了自己是怎么一路走成今天这样、完全失控的状态。

我接着上次的日记说。

那次我把那个噩梦带到咨询室里，在描述完后，我告诉咨询师，那个恐怖的男人是我的姑父。可能是因为我说这些的时候，一直没抬头看她，她就追着我问这个姑父给我带来什么感觉？当时，我把话岔开好几次，但都被她抓了回来。

"我猜，他对你来说是个很可怕的人，甚至，非常危险？"她试探性地问我。我想是我当时的状态吸引了她的注意，我只是低着头紧闭着双唇，心中有股力量要出来，但我死死地压着它。

"似乎危险到你现在想起来仍然充满了恐惧，是吗？"她声音好柔和，然而我却不争气地开始发抖。

"无论发生过什么，对你来说肯定都是一段非常困难的时期，似乎你现在想到他，都会抑制不住地发抖。"她继续追问着。

"老师，"我仰起头望着她，那是一双极其温柔和充满关爱的眼神，对我来说这样的眼神好陌生但又充满了诱惑。"我说什么您都信吗？"当时我真不知道为什么会吐出这句话。

咨询师愣了一下，好像恍然大悟地望着我核实道："小雪，你说这话的时候什么感觉？身体上有什么感觉吗？"

"我不知道，我害怕，我有点发抖……我主要是心慌，我心脏好难受，我大概一会儿就没事了，我其实也没什么事。您觉得我有事吗，老师？"我开始语无伦次。

咨询师轻轻地按了下我的肩膀，她长吁了几口气，引导我和她一样做这个动作。渐渐地，我平复了些，但心脏仍然狂奔着。

"这种感觉熟悉吗？似乎在我们想要确认事实是什么的时候，你的心慌总是会出来，是吗？"她温柔而轻缓地说着。

"是的，是的。很熟悉，就是这种感觉，就是的。"我细细体会着，喃喃着。

"相比回忆那个让你恐惧的人，你更在乎的是我能否相信你说的是否是真的，对吗？"

这句话后，我彻底决堤了。

我哭成了个孩子，不对，我在还是小孩子的时候都没有机会这样哭过，完全停不下来的状态，整整10分钟，我每次想恢复到说话的状态，就又涌起一阵心酸继续哭了起来。

"我相信在你的人生中，你特别渴望别人能相信你的话，而你其实内在最渴望的是你心底里的那个人。他能否相信你、信任你，这对你尤为重要。"

我点头如捣蒜。

"老师，其实我特别在意我妈妈对我的态度。虽然我们现在已经不怎么联系，但我只是跟她保持距离。因为面对她，即便是回一条信息，我也要考虑很久。我要考虑的是，我这样说她会信吗？于是很多时候，我会猜，她到底怎么认为，我就按照她认为的来回答。"

"比起她不断地质疑带来的麻烦，尤其是要面对不断的心慌的感觉，我还是按照她说的来好了，即便那不是事实。"咨询师轻声反馈着。

"是的是的。"我的泪水又停不下来了，除了理解了自己，更珍贵的是这种突然被一个人深深理解的感觉。

在接下来的咨询中，我的人生故事渐渐浮现了出来。

我在爷爷奶奶家寄养的时间大概是在3~5岁，因为弟弟比我小4岁，我差不多6岁回到了父母身边，那时候弟弟已经大了，躲避计划生育的问题已经得到了解决。

但回到家里后，我感觉妈妈变得好陌生。以前满眼是我的妈妈，如今眼里只有弟弟。而且妈妈也变得和以前不一样了，她似乎从温柔变成了强悍，从体贴变成了粗暴。我从要看着妈妈的脸色行事，到最后变成了看着弟弟的脸色。

后来我上了小学，二三年级的时候，班里一个女同学很久没来上学，后来才知道她被人猥亵了。那是我第一次知道这个词，在小伙伴们的解释下，我掉入了地狱。我才明白过来，在我小时候被姑父叫去家里玩的时候，姑父嘱咐我说是我们之间秘密的那些游戏，到底意味着什么！

虽然当时有害怕，但我真的不懂，而且姑父一直像父亲一样照顾我，教我读书认字，所以我学习才一直比其他同学领悟得快。我那一刻才知道，他其实是个道貌岸然的禽兽。

"老师，您相信我说的吗？"我抬起眼望着咨询师。

"当然。这么痛苦的经历，要去回忆起来是需要多大的勇气。我不只是相信，我都不知道该怎么去心疼你。"

我又崩溃了。

"我回家跟妈妈说了，我好希望妈妈跟我说像您刚才说的话。可是她没有！她对我说，那些是我的幻想，绝对不可能。"我又哭到喘不上气了。

"我当时又急又气。我跟妈妈一遍遍地说，这是真的，姑父是个坏人。然后妈妈竟然，竟然扇了我一个耳光，继续让我闭嘴。她让我重新思考一下自己说的话，让我再想想真假。"

记得那天晚上我躺在床上哭了整整一夜。第二天起来后，妈妈没有再问我这件事，恰好那天我和弟弟由一件事争论起来，并且弟弟在推搡中打翻了五斗橱上本就摇摇欲坠的花瓶。妈妈走进房间，看到一地残骸，质问我们谁干的？我举着手指向弟弟，弟弟举着手指着我，接着他开始呜咽起来。妈妈伸手把弟弟拉进怀里，我望着弟弟在妈妈怀里转头对我露出的笑意，以及妈妈望向我的和昨天一样的眼神，那一刻时光仿佛冻住了。

然后，我把指向弟弟的手指回了我自己。

63

在谷底接住我的人

2023年元宵

自从直播业务停了以后,我断断续续地也企图重新开业,但是互联网是有记忆的。折腾两三次以后,我就决定彻底放弃了。一开始也想着找一份打工的工作去养活自己,哪怕是做个服务员也好。不知道是不是天意,我所处的城市那段时间反复出现突发情况,也让我的打工之路异常艰难。

那段时间,感觉老天在把我的头按在地上反复摩擦。每摩擦一下,都像是在问我:你服不服?还好,在那段艰难的日子里,有小莉陪着我。我不但在经济上跟着她蹭吃蹭喝,每次咨询做完之后还要对着她大哭一场。我觉得一个女孩子成长的过程中,有个好闺蜜太重要了,男人、事业都靠不住。但女性朋友却能托你的底。

但这家伙还是做了一件过分的事。

有一天晚上我们俩吃完饭,我跟她聊了很多我小时候的事儿。说起那些事情就越来越伤心,于是把家里的几瓶红酒都给喝光了。最后我是怎么回到床上的,自然是已经不记得了。

第二天早上我走入客厅,小莉已经收拾好一切去上班了。但是手机上有一条她的信息,她告诉我,昨天看我哭得实在太惨了,不忍心,就在我的手机里找到了我妈妈的电话。没错,她主动打电话联系了我的母亲。小莉说实在不忍心看我为了过去的事再翻来覆去地折磨自己,她觉得我们母女之间有些话可以说透。

刚看到这条消息的时候,我整个头都炸了。隔夜的疼痛又涌了上来。但想想我真的也不能责怪她。经过这几个月的心理咨询,我感觉自己不那么容易生气了,也比较能够看到别人的善意。但随之而来的想法就是，尴尬。

这份尴尬是对我母亲的。

我18岁就离开家外出打工，一路跌跌撞撞到了今天。有的时候春节回去看她一次，忙起来会合并成两三年再回去一次。我们这些年真正在一起的时间屈指可数。每次回去见她前，我会买很多好东西给她，表面上看是孝顺吧，但这些礼物也把我们阻隔开了。怎么说呢，好像带着礼物看一个亲戚似的。礼数周到，但是不亲近。可这也是我能做到的最好了。

我坐在沙发上开始发呆，思忖着母亲昨天听到小莉说的话会怎么想我，会不会像以前一样，感觉我又在骗她。我眼中浮现着她怒目圆睁的样子，一阵阵寒意涌上心头。还是把双眼闭上吧。

半梦半醒间，门外响起了敲门声，我恍恍惚惚地打开门，在阳光的照耀下一下子清醒了。因为种种原因，三年没回家。眼前是我三年没见的妈妈。

她肩上就背着个背包，背包上绑了一个塑料袋儿，里头有吃剩下的鸡蛋。她显然是坐了一夜的车过来的。在我呆呆地站在原地、瞪大眼睛、张嘴说不出话的间隙，妈妈却用异常平静的口吻，轻轻地说了一句："闺女，跟我回家吧。"

这句话实在是太有魔力了，我咬紧牙关准备把涌上喉咙的冲动咽下去，但失败了，泪水不听使唤。

回家后的一段时间其实还是挺别扭的，毕竟两个人很长时间没有深入地交流过，彼此也都小心翼翼的。还好，妈妈离婚以后就一直和外婆生活在一起，我还可以经常逗我六十多岁的外婆开心，仿佛有的时候她是我们之间的挡箭牌。

直到有一次居委会的工作人员上门来找我们，打破了我们之间小心翼翼维护的和谐。

这时我妈妈挡在我面前，对着工作人员据理力争。她只是个初中文化的人，但我从来没有看到她逻辑如此清晰。

现在回过来看，妈妈的这个行为对我非常重要。不但是因为她为我的争取，更重要的是她在为我站出来的那一刻，我就已经原谅了她曾经做过的事。

因为这份支持，别人从来没有给过。

或许也有吧，但他们都不是她。

似乎也因为这件事的铺垫，妈妈不经意地跟我说起了以前的事。她在嫁给我爸爸之后，并不受婆家待见，又由于我父亲在外打工，且是出了名的大孝子，并不敢多抱怨，只是低眉顺眼地过日子。当然她不受待见的原因，主要就是有了我。

虽然我出生在新时代，但是在这穷乡僻壤，女人的地位依然要靠养育男孩获得。妈妈跟我列举了一些以前奶奶对待她的事，她从未向我提及，但回忆起来也是无比心酸的。为了结束这样的对待，妈妈冒险也要再生一个儿子。就在这样的背景下，我有了弟弟。

"闺女你知道吗？"妈妈微微红着眼说："你那时候那么小，你跟我说那些话，我完全理解是怎么回事儿。但妈妈敢怒不敢言啊，妈妈也是怕坏了你的名声。更重要的是，妈妈活得憋屈。好不容易生了你弟弟，他们家看我稍微顺眼点。这个事儿如果较真，我不知道你爸能怎么办，跟他家里人撕破脸吗？还是会根本就不管咱们？我其实也不知道。所以当时我就一个劲儿地想让你闭嘴，不要去承认这件事了。现在想想，妈妈真的对不起你啊，妈妈不懂，伤害了你。"

她仰起头，泪水灌了一脖子。

"但我也没让他好过。再后来没几年，我跟你爸离婚之后，我也没什么好顾忌的了，我就到你大姑家，我把他们家都给砸了。你知道吧？"妈妈坏笑着扭头望着我。

那件记忆当中轰动全村的事件，我一直以为是妈妈不甘心离婚而做出的冲动行为。

"哪儿啊，离婚是我提的。我实在是受不了了，当然，主要还是因为你爸后来外头有人了，才给了我勇气。我那会儿怎么说呢，孩子，和你现在的境遇差不多吧，都躺在地板上了，也没什么可失去的了。"妈妈轻抚着我的肩膀，淡淡地笑着。

连着我的泪，地上湿了一片。

这应该是我们记忆当中难得的元宵节。小时候的元宵节，人总是不齐。要不就是缺了爸爸妈妈，要不就是缺了其中一位，再之后我就是一个人过元宵节了。但没有一个元宵节能像今天一样，让我感觉到什么才是真正的团圆。

读者朋友们，看完了小雪的故事，你有什么感觉？前两篇故事里都提到了母亲对一个女孩成长的影响，也隐约看到母亲背后的文化对这些影响的加持。那么在这套文化系统里的原生家庭，尤其是家庭中的母亲，究竟对一个女孩有什么影响呢？

第四章
原生家庭和童年，给女性带来了什么

在第一篇里，我们看到了虽然男女的基因不同，身体不同，但决定我们性别身份的更多是来自我们的社会文化。女性究竟是如何养成的？女性是由文化塑造的。

我们提到过，家庭是社会文化的代言人，接下来第二部分的三章里，我们就来深入探讨一下，女性在原生家庭的成长过程当中，其心理成长路径是怎样的。

–0~3岁，母亲很重要–

首先，母亲无疑是非常非常重要的。用精神分析大师弗洛伊德的话来说，当一个孩子从子宫里出来被剪掉脐带开始，他（她）实际上就从一个"生物的人"开始了"心理的人"的成长过程，而在这个心理人的成长过程当中很重要的一个动力，就是跟自己的母亲分离。先是出生完成了身体上跟妈妈的分离，然后随着长大再实现心理上的分离。

我们会看到，其实人在婴儿早期，他（她）跟妈妈还是处在共生的关系里的。所谓共生，也就是他（她）完全依赖妈妈的照顾才能活下来，而且他（她）还分不清什么是自己什么是别人，所以在他（她）看来自己跟妈妈甚至跟整个世界都是一体的。随着长大，他（她）开始能看到更远的东西，然后开始能掌控自己的小身子了，会坐了，会站了，会走了，随着这一过程，逐渐产生和妈妈的心理分离。

在这个阶段，我们可以意识到母亲是非常重要的。无论男孩还是女孩，对母亲都有强烈的共生需要，所以母亲对孩子的回应是否准确和及时，决定了孩子能不能体会到稳定的安全感。

我们可以试着想一下，一个妈妈会在孩子出生后跟孩子不断地玩"回应—确认"的游戏。也就是，如果孩子哭了，妈妈会及时检查，看一看孩子是饿了、冷了，还是哪里不舒服？如果孩子发出了声音，妈妈也会要么模仿他（她）发出声音，要么看着他（她）温柔地笑一笑，抱着他（她）跟他（她）说话。在这里有一点非常重要，就是眼神的接触。妈妈会看着小婴儿，小婴儿也能感受到妈妈在关注他（她）。这样，小婴儿不但生理需要能得到满足，而且也会体会到强烈的安全感，他（她）可能会变得安静下来，或者回报一个甜甜的笑。这就是"回应—确认"的游戏。

如果这位母亲是健康的、合格的，那她会准确地判断出孩子的需要，而且能及时地做出回应。到了心理分离的阶段，也会允许孩子适度地跟自己分离。比如等孩子会爬了、会走了，会陪着他（她）探索这个世界，会给他（她）空间，允许他（她）按自己的想法行动，而不是各种的不允许。

但是我们也经常会看到，有些母亲遇到小孩哭，手忙脚乱不知道该怎么办，从而会误读孩子发出的各种信息。可能小孩饿了，但妈妈以为他（她）是冷了，给他（她）裹得厚厚的；可能小孩只是困了想睡觉，可是妈妈以为他（她）是饿了，就把奶瓶塞到他

（她）嘴里。这样小婴儿的需要没有得到正确满足，他（她）可能就会一直哭，或者安静了一会儿发觉不对，又重新哭起来。这还算比较好的情况，有些母亲会觉得养小孩太麻烦，没有耐心，或者自己的情绪管理一团糟，就没办法去及时回应孩子的需要。也有些情况是，妈妈不能一直在身边，照料孩子的人不停地换来换去，那就不容易建立稳定的依恋关系。

我们可以想象一个画面，一位抑郁的母亲，她会怎么跟自己的孩子互动呢？她可能一边喂奶一边陷入糟糕的情绪里，觉得自己快死了，无法提供妈妈该提供的温暖、舒服、稳定的感觉。也可能会总是回避孩子的目光，无论她是有意识的还是无意识的。也就是在孩子望向她的时候，在孩子有情感需要，需要妈妈用眼神给他（她）一个回应的时候，妈妈的眼神是接不上的。这对于孩子来说意味着什么？这恐怕是灾难性的，这孩子没办法从妈妈身上获得联结的感觉。

我们说，渴望跟妈妈有情感上的联结，是人的本能。随着长大，孩子会依然期待妈妈能给他（她）准确及时的回应。这样一来，共生阶段没共生好，分离阶段没分离好，母亲和孩子就开始有了纠缠。母亲纠缠孩子的方式就是，我不满足你的期待；而孩子纠缠母亲的方式，就是一直想要那份期待被满足，纠缠的目的就是取得联结。

不知道读到这儿，你有什么感想吗？有多少人，一生都在努力去得到妈妈的爱、妈妈的认可。内心仿佛一直住着一个小孩，感觉自己随时都会被嫌弃、被抛弃，无论他（她）怎么一个人哭得歇斯底里，都没有人会去抱他（她）和关心他（她），不知道自己该依靠谁。

依恋理论告诉我们，0~3岁决定了一个人人格的根基，这种人格深处的不安全感，会在成人后的亲密关系中，产生很深远的影响。这部分在第三篇的阅读中会详尽阐述，带你进一步觉察。

对于孩子来说，越是早期的分离经历，所造成的创伤会越大。

就如小雪一样，当她在3岁由父母托付给爷爷奶奶的时候，她经历了人生的第一次分离创伤；但是当她6岁重回父母身边，刚刚建立起来的与爷爷奶奶的依恋关系，又面临了第二次分离创伤。当一个人经历过两次分离创伤，并且是在人生那么早期的时候，她内心底层对于不分离、不被抛弃是多么渴望。也由于这样一个底层的无意识的需要，所以当她看到本就不占性别优势的自己时，在母亲审问的眼神下开始了人生的第一个谎言，去承认那个本不属于自己的错误。毕竟这样就不需要面临被再次抛弃的可能，当然这种抛弃可能只是演化为母亲一个冷淡的转身。而当"谎言"已经变成了她人生一部分的时候，她再说什么也都没有人相信，包括她的母亲，所以实现了她的自证预言。

在临床经验当中，我们会看到很多人本无意撒谎，但却因为内心深处的恐惧，在某些时刻不得不掩饰真相，这样的情况越频繁，可能相对应的创伤就越深刻。

–3~6岁，性别意识萌芽–

接着看3~6岁，我们开始进入性别意识阶段，在心理学的精神分析术语中，把这段时期叫作"俄狄浦斯期"。

这个阶段，我们开始有了性别意识，知道自己是男生还是女生，也知道男生和女生是不一样的。有的人是性少数群体，比如他生理上是男生，但他认为自己是女生，那他可能在这个阶段就隐隐地感到自己跟别人不一样。

也是从这个时候起，我们会有意识地开始进行性别教育。比如，我们通常会认为女孩不能玩刀枪、不能太调皮。父母们会有意识地引导孩子，让孩子认同自己的性别身份。同时在这个过程中，孩子也会做很多探索，会因为好奇进行很多尝试，比如小女孩会想穿妈妈的高跟鞋，甚至穿妈妈的内衣，会想玩妈妈的口红、爸爸的刮胡刀。这时，父母们常常会下意识地说：等你长大了就可以用口红；这个是爸爸用的，你是女生不需要用。在这个过程中，孩子就会慢慢接收到信号：女孩应该是什么样的。

在这个阶段，女孩普遍还会有一个很重要的心理现象，就是恋父情结。恋父情结是精神分析术语，是指女孩恋父仇母的复合情绪。简单来说就是，在这个阶段的女孩会对父亲非常深情，比如特别喜欢黏着爸爸，而相对应地会有点排斥妈妈。

这是女孩性心理发展的阶段性特点。因为女孩是妈妈生的，她最开始和妈妈完全处于共生的状态。而在3~6岁，随着性别意识的萌芽，她需要完成这个心理阶段，所以从心理层面来说，就需要跟妈妈分离，走向爸爸。在这个恋父的过程中，她会对什么样叫成熟的男人有一个印象，所以内心就会知道：我是可能长成女人的，我也要嫁给像爸爸一样成熟的男人。这可以帮助女孩发展自己的女性气质，变得越来越女性化。

当然，再继续长大，她还是会跟父亲保持心理距离，更多地认同母亲。也就是妈妈是个怎样的人，会对她的自我定位有很大影响。

我们会看到很多成年女性，如果在小的时候没有顺利地渡过恋父期，比如在那段时间，由于种种原因和妈妈接触比较少，在心理空间上全是父亲的爱，再加上成长的过程当中爸爸的娇宠和妈妈的严厉可能形成了鲜明的对比，造成在情感上跟妈妈逐渐疏远，甚至认为是妈妈分享了爸爸本应该给她的全部的爱，她就会渐渐对妈妈产生一些怨恨。当然也可能反过来，跟爸爸接触得太少，整天跟妈妈待在一起，导致对于爸爸的爱特别渴望。

这样的女性，她成年后总是会在无意识地寻找可以满足她恋父情结的男性作为她的亲密伴侣，比如大叔；或者总是拿伴侣和自己的父亲对比，或者无意识地做出让自己的伴侣失望的行为，就像小时候故意让父亲失望那样；或者总是在下意识地寻找一个权威男性的存在，爱慕年长的老师、喜欢自己的男性领导等。

男孩在这个阶段也会有恋母情结。虽然说男孩女孩都是由母亲生下来，并且都要经历俄狄浦斯期，但从精神分析的角度来说，女性的心理发展要比男性曲折得多。因为对于男孩来说，他是由母亲生下来的，他就是爱母亲的，父亲对他来说一直是一个外人，所以他只要在成长中模仿像父亲那样强大，未来可以拥有像母亲这样的女性就可以了。也就是说他在心理上从来都不需要离开母亲，他只需要把父亲容纳进自己的心理空间就可以了。

所以我们就看出了男女心理发展的区别：对于男孩来说，好像他可以一直站在母亲身边。而对于我们女性来说，只有先从母亲身边分离，然后发展出恋父的过程，完成女性气质的认同，最终又放弃恋父，再回到母亲身边，对母性气质表示认同。当走完这个过程后，我们才能发展成为一个真正性感的、能够去爱的、既有母性也有女性气质的一个女人。所以我们说女孩的心理发展，相对来说比男孩的心理发展更曲折一些。

-童年：性别认同-

在我们成长过程中，有一点很容易被我们忽略，就是我们通常会更倾向于认同跟自己同性的父母。也就是说，女孩更容易认同自己的妈妈，妈妈什么样，我们也成为什么样。这包括了很多方面。比如说，妈妈是怎么跟爸爸相处的，是跟爸爸很亲密，还是跟孩子很亲密，把爸爸排除在外？她在家里是什么角色？是贤妻良母，任劳任怨，还是被爸爸宠爱着，什么也不管，或者是既能照顾好家人，也能照顾好自己？

换句话说，我们可以拿妈妈当镜子来照一照自己，看自己哪些地方跟妈妈很像，哪些地方不像。

比如，你找对象的标准跟妈妈一样吗？你跟男朋友或者老公的关系跟妈妈像吗？有时候我们会继承好的那一面，可是如果早年妈妈给我们提供了不好的模板，那我们可能就会继承不好的一面，在亲密关系中受到很大伤害。

我们经常会看到有些女儿会无意识地重复母亲的人生，比如自己的父亲酗酒，虽然自小对此非常反感，可能仍然会无意识地寻找这样的男性作为配偶。甚至一开始这个女儿就找了个和父亲相反的人，但自己婚后总是会在每晚的餐桌上喝两口，于是慢慢地把自己的丈夫打造成了像父亲一样的醉鬼。

-青春期，性发育与叛逆-

我们再来看青春期。这时候我们的身体快速发育起来了，女孩子胸部开始明显隆起，开始要用卫生巾，这个过程对于自尊和自我价值感的发展特别重要，我们在第一篇里提到过。

作为妈妈，要让女孩子觉得这一时期是值得骄傲的，因为代表了女孩向女人的成熟转变。但如果让孩子觉得这是很丢人的事，让她总是体会到羞耻感，这会动摇她对性别身份的认同，她的性冲动、性荷尔蒙的发展，都将受到破坏，她也会不允许自己有女人味和性魅力。

我们能够感觉到，孩子的长大其实就是一个和自己的母亲逐渐分离的过程。青春期还有一个典型的心理特征就是叛逆，而青春期的反抗都是为了成长。如果一个母亲不愿意让孩子跟自己分离，那孩子在一步步的成长中会战战兢兢，背负很多的内疚。

很多母亲不愿意跟孩子分离并非出自她的母爱，也许出自她的创伤。如果这个母亲本身有早年被抛弃的经历，由于她一直未被好好注视过，她就一直在外寻找关注的眼神，而未与自己的孩子眼神相遇。试想在孩子一路成长的过程当中，童年未被母亲好好关注过，她就总是将注意力放在寻求母亲的眼神上，加上不能分离的恐惧，就妨碍了一个人正常的心理发展。当一个人总是身处恐惧，甚至相信任何生命活力都会遭到惩罚的时候，这个人的生命就固定了，成长就停滞了。而这个人如果是一个女孩，当她在成为女性之后，同样的问题会一代代传递下去。

有些母亲在孩子成年后依然事无巨细地依赖女儿，也许女儿在意识上知道要有独立的生活，要将自己小家庭的需要，比如老公孩子的需要放在母亲的需要之前。但不愿意跟孩子分离的母亲总有种种招数让女儿就犯，其中最常用且最有效的方法就是生病。母亲在女儿的日常生活中絮絮叨叨，用她的担忧来表达无法分离的欲望；

在女儿试图逃离自己时，又开始生病，女儿的愧疚感像锁链般困住了自己。女儿根本无法与母亲分离，因为只要她一转身，等待她的就是更大的愧疚，没有子女能抵得过对父母的愧疚，于是折返回母亲身边，继续做母亲想要的那个乖孩子。

中国的文化里，会过度强调女性的牺牲和奉献，而我们又非常认同"孝顺"这两个字，于是很多人在成长的过程中，完成"离开父母"这个任务变得尤其艰难，特别是女性。很多女性体会到的是，当父母需要我的时候，我需要付出甚至牺牲。但中国文化里，同时还有男尊女卑，嫁出去的女儿泼出去的水，所以如果我去主张和要求分得家产，或者我没能满足父母的需要，我就会被指责为不孝。

而男性由于在心理上从不需要离开母亲，又由于文化的再次强化，让男性对原生家庭的认同和忠诚变成一种心理上更强的共生。于是，嫁给这样男性的女性，总会有一种无法融入这个家庭的感觉，而唯一融入的方法就是我替这个家庭生个儿子。就像小雪的母亲在早年一直努力的那样。天下有多少这样的母亲，一代接一代。

女性的心理发展曲折而艰辛，同时因为要哺育后代而任重道远。一位女性的心理成熟可能体现在不同的年龄，因为走通以上这些过程，可能就需要贯穿一生。但任何时间都不算晚。

我相信你是女儿，甚至你可能已经成为母亲，当站在母亲的角度去梳理女儿的成长史，你会有什么更多的感触吗？作为母亲会看到孩子在反抗的过程当中，其实是一种成长的需要。人世间最伟大的母爱就是懂得让孩子跟你分离，而最大的暴力就是该分离的时候仍让孩子与母亲连在一起，决不分离。

接下来我们深入探讨一下，跟父母的那些爱和恨该怎么和解。

第五章
女性和父母之间，爱恨纠葛有何特点

前面我们了解了一个孩子在原生家庭的心理成长路径，女性在心理上的成长是比男性更曲折的。我们需要发展出自己的女性气质，就需要离开母亲，走向父亲，但最终又需要再走回自己的母亲，发展出对母亲的认同。这样，我们才能成长为一个成熟的女性。这是女性心理发育本身的规律。

简单来说，父亲对于女性来说，提供了一个成熟男人的形象，这个形象可能是我们未来找伴侣的模板；母亲对女性来说，可能是成年后的自己，我们会根据母亲的样子，憧憬自己长大后会成为什么样的女人，而且往往我们在潜意识层面会重复母亲的命运。

接下来，我们来深入地梳理一下，你跟父母之间的爱恨纠葛究竟是什么样的。

-我们和父亲-

先来看看我们跟父亲的关系。提起父亲，你们想到什么呢？不知道你们跟父亲的关系怎么样？感觉得到的父爱足够吗？你们喜欢父亲吗？你们在与另一半的关系里，有多少父亲的影子呢？

之前的章节里提到3~6岁是俄狄浦斯期，对于女孩来说，会突出表现为恋父，就是女孩会跟爸爸的关系更亲密，而对妈妈有一些疏远和排斥。当然，这是从内心底层来说的。如果在这个阶段，女儿跟父亲不够亲密，可能会有很不好的心理影响。

在中国，很多爸爸在孩子成长过程中都是缺席的，所以孩子们就只能依靠母亲。对于女孩，她必须发展出对异性的爱，才符合她自身的心理发展规律。所以相应地，她需要在俄狄浦斯期，一定程度上跟妈妈拉开心理距离。但是如果爸爸经常不在身边，那她想跟爸爸亲近的那份期待就只能落空。可随着她的长大，这份期待并不会消失，她会总想要去弥补，于是会出现强迫性重复，也就是在关系里总会有意无意地做出一些行为，从而导致自己被拒绝、被冷落的情况出现，就像小时候得不到爸爸足够的爱一样。

比如有一位40多岁的女性，她曾经很多次跟已婚男性发生关系。她很渴望爱情和婚姻，但是到现在还是没找到自己的丈夫。心理咨询师陪着她一起去探索，发现她的爸爸很冷漠，不太会跟她亲昵，经常不理她，所以她小时候父爱是很缺失的。于是她的内心非常渴望得到爸爸的爱，她一次次地去找已婚男性，明知道很可能对方不会给她一个结果，但还是飞蛾扑火般地把感情投进去，其实就是在重现小时候得不到父爱的场景，幻想着也许这一次会不一样，他会改变些什么。这种心理就是强迫性重复，在我们生活中非常普遍。

当然，如果反过来，女儿小时候跟爸爸过于亲密而缺少妈妈的陪伴，也会有问题。这让女孩总想停留在恋父阶段，不能在心理上跟父亲分离。这很容易妨碍成年后的女儿有自己的亲密关系，甚至我见过四五十岁的人仍然打扮成小女孩的样子对父亲撒娇。这种恋父会导致女儿潜意识里想让自己缺乏成熟的女性魅力、特征，因为这些特征会让自己被其他成年男性带走而远离父亲。

提起父亲，除了我们本身的亲子关系之外，还有一层就是，你喜欢爸爸的为人吗？比如说有的父亲酗酒、出轨、滥情、暴力，即便他对自己的女儿也还不错，但是通常女儿也会恨他，对吧？那如果是这种情况，父亲会带给我们什么影响呢？

我们刚聊的俄狄浦斯情结指的是对异性父母的爱，其实还有反俄狄浦斯情结，就是对同性父母的爱。

比如说，如果你爸爸对妈妈很不好，实在不是一个好丈夫，但是你认同了妈妈，跟妈妈关系很好，那就可能导致你成年之后会选择像爸爸那样糟糕的伴侣。倒不是因为爸爸如何影响了你，而是因为你深受妈妈的影响。妈妈的婚姻这么不幸福，你怎么敢让自己幸福呢？毕竟那意味着对妈妈的背叛。

除了刚谈到的这些，如果一个人一直卡在俄狄浦斯期，这部分心理情结没完成，那他（她）也会不断地阻止自己成功。因为父亲是我们人生中的第一个偶像，我们需要学习他、模仿他，也要超越他。

就像小时候和他一次次玩举高高的游戏，通过他的双臂我们被带到了更高的世界。可是如果前面认同父亲的这个阶段没完成，那我们就来不到要超越他的这个阶段，你可以理解为，你内心那个成功人士的形象是模糊的甚至是崩塌的。那么体现在实际生活中，你可能会做事畏首畏尾，或者总是害怕跟权威的人接近，在外人看来好像没什么事业心。这点无论男女可能都是一样的。

-我们和母亲-

好，接下来我们多花一些时间来探讨和母亲的关系。因为作为女性，从母亲那里分离，仍然要走回母亲，母亲可以说是我们生命的根。

一般我们在表达和母亲的关系时，总会以远近亲疏来衡量。表面看，我们可能会说跟妈妈亲不亲、好不好沟通，但其实，我们跟妈妈的心理关系远比表面呈现出来得更复杂。

在很大程度上，一个孩子的第一段关系决定了她的自我认同和自我价值观，对于女性来说尤其如此。女儿总是会受母亲的各种影响，并将其不断变成自己的一部分，无论是身体还是灵魂，她必须实现母亲的愿望，而不是她自己的愿望，这样的结果便可能产生对母亲的仇恨，这份恨藏在对母亲的爱里，即使常常掩饰得连自己也看不见。

我有一位中年女性来访者，我们称她欧阳，她出现在我咨询室的时候说自己最近得了一个很怪的毛病，就是没办法洗碗。按照以往的习惯，她都会在下班后把菜烧好，然后等着老公和女儿回家吃饭。结婚十几年来，每次吃完饭以后，收拾和洗碗也都是她自己。但是最近不知道怎么回事儿，一洗碗就会感觉非常恶心，以至于看到饭碗都感觉厌恶。她说自己的这个问题已经持续有三个多月了，一开始还会自我调整，但是现在越发不能调整。一开始老公还能体谅，帮着她做家务，最近老公也表示她实在是太矫情了。

当我们逐层深入探讨的时候，我们把欧阳对洗碗的厌恶聚焦到了他们家用的洗涤剂上。咨询后欧阳决定把家里的洗涤剂给换了。事情当然没有那么简单。等到她第 N 次来咨询的时候，她的症状依然没有得到缓解。不过却取得了重大进展，因为她在咨询过程中突然回忆起了一件事情。

她记得在自己小时候，每次晚饭时间，妈妈都会先把菜弄好，让爸爸和她先吃，然后自己一个人在厨房擦洗。由于家里的住宅面积比较小，洗涤剂的味道弥漫了整个房间。在她的记忆里从来没有一顿饭是纯粹的饭香，都混合着洗涤剂的味道。小的时候她感觉到妈妈非常辛苦，都是把厨房卫生打扫完了以后才过来吃饭，所以无论是夏天还是冬天，最后吃到的菜都是冷的。

如果照这样解释，那一切都合理了，因为欧阳在半年之前刚失去了自己的母亲。也就是对于她来说，洗涤剂的味道唤起了她对母亲逝世的伤痛。但后续发生的事情显然让我觉得这个结论下得太早了。

在我引导她对母亲的逝世表达自己的伤痛时，我问她："如果这个洗涤剂的味道会说话，它会说什么？"

欧阳瞬间把脸沉了下来。用一种非常狠的语气说："我让你们俩吃，我现在看你们还怎么吃？！"

我小小地吃了一惊，问她："说这句话的是你的母亲吗？"

她点了点头，然后开始抽泣。

在欧阳的情感世界里，她跟妈妈的关系非常复杂而且微妙。在她很小的时候，因为爸爸经常出差，她记忆里平时都是和妈妈在一起。在她上学之前的记忆里，母亲既温暖又有爱。但是从上小学以后，父亲的工作变得越来越清闲，于是有很多时间可以陪她，而与此同时，母亲的工作却越来越忙。

欧阳也说不清楚什么时候开始跟妈妈的关系渐渐疏远的。她只是感觉到妈妈有时候似乎在故意跟她对着干——不允许她穿漂亮的衣服，不给她买好看的发卡……最明显的是，只要爸爸说衣服或书包好看，一律都不准买。自从青春期以后，欧阳和母亲的心理距离就越来越疏远了。

我问欧阳,刚才她代替妈妈说的那句话里面,她自己的感受是什么?欧阳闭上眼睛想了想,然后吐出两个字:嫉妒。在说完这两个字的一瞬间,她又睁大了眼睛望着我:"这怎么可能?妈妈怎么可以嫉妒女儿呢?"

在这里我们就必须提到母女共生的议题了,因为这太常见了。

我们都知道母亲对女儿的影响有多大。女儿从一种同性别的爱的关系开始自己的人生,也就是她的爱是从她和母亲的关系开始的,直到后来才加入对父亲的爱和依恋。所以一个健康成长的女孩子,必然要在学龄前发展出对父亲的爱恋,相应地就要跟心里无所不能的母亲分离。

在这个分离的过程中,需要母亲的协作。有的母亲会嫉妒自己的丈夫和女儿过于亲近,在无意识的情况下,对女儿实行各种冷暴力。当然一个母亲越是脆弱、越是自卑,她对女儿的嫉妒可能就越强。

这就是母女共生的一种情形。共生意味着两个物体相互依赖,当母亲一直依赖于自己孩子的认可时,说明这个母亲的自我价值感是非常脆弱的,她需要自己的孩子时刻表现出黏着自己,否则她就会觉得自己不是一个好母亲。我们可以想象,如果母女之间一直是这样的相处方式,那女孩是没有办法离开母亲走向父亲的,也就是说她之后都没有足够的空间去独立,发展她自己的亲密关系。因为每次当她想要朝父亲走近的时候,都能感觉到背后被母亲冰冷的目光注视着。

对于女性来说,跟母亲的内在联结,有可能是获得力量,也有可能是削弱力量或者是产生混乱。所以如果一位女性总是把自己视作母亲生命的延续，或母亲身边的附属品，那么对她来说，建立自己的亲密关系就意味着对母亲的背叛。通常，这样的女性在她的亲密关系当中会试图向他人索取，黏着对方和对方融合，从而完全失去自我，因为她已经习惯了这种共生。

女孩跟妈妈最理想的关系就是，她在父亲身边发展了女性特质，然后又回到母亲身边，向母亲学习慈母的特质，把母亲作为一生的楷模和导师。

那这种关系受什么影响呢？有一种常见的情况是，如果一个母亲对自己的母亲感到失望，就更容易和自己的女儿产生矛盾的关系。

欧阳在回忆自己母女关系的过程中，突然意识到自己也经常会重复母亲的这个行为。在老公和女儿吃饭的时候，她会故意拖延进餐厅和他们一起吃饭的时间，而在没有做这场咨询之前，她将自己的行为解释为她只是继承了妈妈的低自尊。诚然，这部分问题的确是有的，但问题的本质是她妈妈当年没有迈过去的坎，她如今也遇到了。

她非常爱自己的女儿，但是她也极度脆弱，她一再告诫自己，不能再让自己和女儿的关系重走自己和母亲关系的老路。所以她以爱之名想让女儿不要疏远自己，当女儿拓展自己的社交范围时，欧阳总会有意无意地做出阻挠。而女儿必须每时每刻都表现出需要她的样子，这样才能让她觉得自己是有价值的。也就是说，她女儿其实非常敏感，知道自己的母亲在意什么，顺从了母亲的这种情感上的占有欲。应该说她的女儿很早就学会了如何调节自己，来适应母亲的无意识需求。当女儿进入青春期以后,共生的幻想就被打破了。欧阳明显感觉到就读初二的女儿已经隐隐和自己产生了敌意。

母亲的教养方式和母性的特点会有代际传递,当然传递的不都是资源和优势,也有可能是创伤。

曾经有一次上课的时候,一位女同学举手问老师,不知道为什么,她本来非常讨厌自己的母亲,说话强势又啰唆。但是她这几年慢慢地也变成了这个样子,她很不喜欢这个状态。当时老师就问她,那这几年间你和你妈妈发生了什么?这位女同学说:"她在三年前去世了。"老师低头想了一下,然后对她说:"算了,你就接受自己这样吧,这是你与母亲联结的方式。"

在现实中我们看到的母女关系经常是各种疏离和纠缠。当女儿开始不能做自己的时候,便产生了对母亲的仇恨,即使常常掩饰得连自己都看不清楚。因为女儿要忠于母亲,不能做自己,所以她对母亲会有一些无意识的仇恨。很多女孩子用自己的疏离来伤害母亲,这样就可以隐藏自己的愤怒。

因为母爱是我们最初安全感的来源,所以我们看到大多数女性在成长的过程中,对母爱的渴望是一直存在的。就算她对父亲着迷,对丈夫着迷,但在她心里仍然保留着最初的对慈母深深的渴望。男性可能压抑自身的独立欲望,以便在以后的日子里能得到满足,许多男性能在爱人身上找到这种母性的照顾,而和妻子建立起这种联结,比跟母亲的关系更令人满意。

但是,女性在男性身上却无法找到完全的满足感,因为她内在需要来自女性的这份爱。这就是为什么闺蜜对女性来说那么重要。

我们可以说做母亲这件事情是天下最大的修行,但是这个修行并不是像我们传统文化中所讴歌的，母亲有多么伟大，母爱有多么纯粹。而是，母亲在抚养子女的这个过程中，尤其是抚养女儿的过程中，要学会克服自己脆弱的自尊，学会该放手的时候就放手，更要懂得——我作为我自己是有价值的，我存在的价值标准并不依赖于我的孩子对我的需要和孩子对我的评价。

在该分离的时候不让孩子跟自己分离，这是母爱最大的残忍。

第六章
母女关系的和解之路,到底该怎么走

之前的内容中,我为大家剖析了女性在原生家庭的成长路径,我们女性在心理上的成长会比男性更曲折一些。而这些曲折里面,很大一部分来自我们和母亲的共生关系,母亲放手让女儿走到父亲身边,对女儿具有绝对的开放和接纳,可以让女儿在俄狄浦斯期之后安全地走回到母亲身边。如果母女关系过度纠缠,就会让女儿耗费很多心力在关系上,而没有空间去发展她自己。

走入心灵成长的女性朋友们,大多在母女关系上会有共同的议题。很多人理解了自己以后,似乎明白了母亲对自己成长的影响,于是想当然地认为跟妈妈保持距离,就可以让她不再影响自己。这种物理上的切割在短时间内可以让自己的情绪缓解,但长期来看,仍然不是母女关系和解之道。

那我们到底该怎么跟母亲和解呢?怎么摆脱妈妈带给我们的那些负面影响呢?下面我们来一起寻找适合你的方向。

-我们跟母亲的纠缠逃不开-

先讲一个很有代表性的小故事。

在一次团体治疗的课程中,有一个女孩想起了自己的母亲突然情绪激动,老师便让她选出另一位同学代表她的母亲,一起来做个练习。这个女孩就选了一位同学，然后示意让这个同学坐得远一点，再远一点，直到视线被另一个同学完全挡住。这里解释一下，在团体治疗里面，这是一种常用的技术，代表她妈妈的那个同学能够带来属于她妈妈的一些心理动力。所以在这里，我们可以当作是重现了她跟妈妈的关系。

在那个现场，她嘴里不断地念着："我不想看见你，不要看见你，你离我远一点！"

就在那个同学被完全挡住的一瞬间，这个女孩的眼泪刹那间决堤一样涌出来。

接着，老师采访这个"母亲"代表的感受，那个代表对着这个女孩说："当你让我坐得远一点时，我有些愤怒；可是当我完全看不到你时，我以为我会伤心，但我好像只是害怕，我怕你，我不敢看你。"

听到这里，这个女孩已经瘫软在座位上，泣不成声。

无论你曾经承受过母亲多少不恰当的爱，你现在跟母亲的关系有多纠缠，我们都不得不去面对，即便我们要拼命逃离，但爱恨纠缠仍然时不时让我们相爱相杀。即便在表面上没有，对方一句话，甚至一个咳嗽，都会让我们情绪上头，从而把自己成长的成果打回原形。如果我们仍然不能去认同母亲，我们会对很多现实的问题纠结拧巴。

-母亲对我们的影响-

母亲对我们来说实在太重要了。在一个孩子的心里，强大女性的形象源于我们生命当中的第一位女性，也就是我们的母亲。从婴儿到人间的第一天开始，他（她）就会本能地用自己的嘴去触碰类似乳头的东西，然后当他（她）吸到妈妈的乳汁时，他（她）就会把这份对乳头的喜爱和满足感投注到拥有乳房的妈妈身上。婴儿一到这个世界就准备好要跟妈妈发生联结，妈妈赐予自己生命，好像她无所不能。随着长大，孩子更是会从母亲身上学到很多。

一个自主、自强的母亲，可以允许孩子依赖自己，可以允许联结，而不害怕在联结的过程中失去自己的自主权。而如果母亲总是感觉自己不够好，自己不行，则有可能还需要从孩子那里得到安慰。从孩子的角度来看，妈妈既会制订各种规则和要求，同时也是尊严和自尊的可靠体现。女孩总是从妈妈身上学习如何拥有自尊。

正如前述内容，一个自己自尊心很脆弱的母亲，很可能因为自己的问题而对女儿产生嫉妒、怨恨等。如果女孩感受到这样的恶意，也会因为没办法看到一个真正强大的母亲而很难自信，也会因为这份怨恨，在成年后将其投射到跟其他女性的竞争关系中。也就是说，如果妈妈不够强大，那我们通常也会缺少自信、内心脆弱，而且我们怎么跟妈妈相处，也会投射到怎么跟其他女性相处。

总结一下，女性的成长终究是需要有一个强大的母亲可以认同，利用强大的母亲形象来获得自己的自我价值感。

-母女和解的三个阶段-

了解了前面这些，女儿到底该怎么跟妈妈和解呢？要经过三个阶段：

第一个阶段，去理解自己，尤其是理解自己在被抚育过程中所形成的创伤。

第二个阶段，专注于个人成长，修补自己的创伤。允许自己去表达恨，也包括在各种关系中调整自己的情绪和沟通方式。

我想以上两个阶段是很多进入心理学成长课堂的朋友们正在经历或者已经完成的阶段。

第三个阶段，尝试理解母亲，修通和解。这里有两种途径：可能是通过不断地沟通换位，但更多的女性可能会在自己成为母亲之后理解了母亲。

当我们历经这三个阶段成长后，我们会发现自己更有空间去容纳母亲身上的那些不足了。

第一个阶段是让我们在认知层面理解自己，在此不再赘述了。

第二个阶段是让我们在情绪层面理解自己，重点是我们要允许一些恨意的表达。在这个允许表达恨的年代里，我们有网络、有课程、有咨询师，可以把我们压抑的愤怒甚至恨表达出来，因为我们看见了它们对自己人生的影响——

因为我们内心压抑着恨，所以我们会不自觉地对身边的其他人充满抱怨；

因为我们渴望得到认可，所以会在关系里很卑微，祈求男人的爱；

因为我们童年缺爱，所以不习惯在亲密关系里展开双臂去接受爱。

我们既然看见了伤害和伤害后对我们的影响，就必须去表达对这个伤害的愤怒和恨。这是一个必经的过程。

如果恨不能被充分表达，爱永远没有机会进来。比不表达更要命的是，我压抑着自己的恨意，维持着表面的孝道，过着拧巴的人生。

你可能会说，我要怎么表达呢？难道要去跟妈妈说"我恨你"

吗？她肯定接受不了，我也说不出口。当然不是这样。

表达并不在于语言，也并不在于要面对这个曾经给我们造成伤害的但又是我们最爱的女人。表达，可以只是看见，看见那些伤害确实存在，然后找到合适的途径说出来或者写出来。

比如说，你可以写一封信给母亲，尽情细数你们之间的恩怨情仇，写完后并不需要真的给妈妈看。你也可以在独自一个人的时候，面前放把椅子，想象你妈妈坐在对面，把你内在的心里话说出来。

然后我们就能来到第三个阶段。其实母女关系之所以特殊，是因为我们都是世界上最爱彼此的人，但是很多人的大半生甚至一辈子都无法理解对方。我们只是相爱，但是并不真正了解。只有当我们走过第一、第二个阶段，彻底接纳自己的人生后，才可能重新理解母亲。

我也经过这些阶段，当我开始接受我的母亲就是这样的人——她很普通，所以会有各种各样的毛病，跟隔壁的阿姨没区别后，我开始关注她究竟为什么会说出让人伤心的话，为什么会做那些让人生气的事，而不再把关注点放在她怎么又说那样的话，怎么又那么做。

拿一件小事来说。曾经有一次，我母亲突然问我当时的伴侣跟他的前任是不是还有联系。我很奇怪她为什么突然会问这个问题，她很神秘地说："男人啊，不得不防。"

听起来就很奇怪是不是？在那一瞬间，我先是感觉很荒诞，随之而来的是愤怒，这是一种被看不起的愤怒。因为我觉得这是我自己的事，而且我对我自己很有信心，我相信他会对我很专情。可是这样一个问题好像在提醒我：你得小心啊，你不一定能管得住他。

我没有急着去回应她，而是先让自己停了一下，意识到是我加工了母亲的这句话，是我自己敏感了。然后，我对她这个问题开始好奇。在稍晚些的时候，我跟她随意地聊着天。她跟我说起了我父亲，她觉得我父亲帅气出众但身体不好，她说了这样一句话："也就是你爸身体不好，否则他肯定会有别的女人的。"显然，她把自己的不安全感妥妥地投射在了我的身上，而之后聊起我的外祖母时，我更明白了这样的低价值感是怎么一代代传承下来的——原来我外祖母也有着这样的心理。

如果我还是停留在以前的阶段，为她说的话生气，那我就永远没有机会去看见真正的她，那个脆弱的她是怎么艰难地一步步撑着长大的。

很多人应该都像我一样，忘记了"母亲"这个角色背后还有她自己。每一个母亲，不是生来就是母亲。当女儿意识到这一点，才会开始以一个女人的身份看见另一个女人，而不只是以女儿的身份去要求母亲。

-当我们做了母亲后-

其实，生活当中，更多的母女纠缠是从女儿生了孩子也成为母亲之后开始的。

为什么呢？心理学认为，每个人都有无数次可以重新成长的机会，其中，随着孩子的出生，跟他（她）一起成长，就是一个很好的机会。因为在养育孩子的过程中，作为母亲，我们的很多创伤会被揭开，我们不得不去修复这些创伤。如果我们的创伤很大，那可能那些对母亲的压抑情绪，就会一下子爆发出来，跟母亲的纠缠也会浮出水面。

很多女性都有这样的体会，当自己怀孕以后，无论做多少准备，无论年纪有多大，孩子降生后都会感到措手不及，这才让人真正体会了母亲这个身份。

我们社会总有一种误解，认为女人是天生就会做母亲的。社会总会给予母亲种种赞誉，认为母性就是天性。同时我们很多女性也认同了文化所灌输的这一点，认为做一个好母亲就是分内的事儿，这是我们的天性啊，我怎么能做不好呢？于是面对各种声音："你连个孩子都管不好，你是怎么当妈的？""你在干吗呢，不能陪陪孩子吗？"我们就会感到羞愧。

大家想想，有这样的想法其实是很危险的，之所以在中国很容易出现丧偶式育儿，不就是因为我们女性天然就认为，做妈妈是自然而然的吗？

这里的关键就在于，当我们认为女人天生就应该做好母亲，认为这就是分内的事儿，那可能我们就切断了求助的渠道。

做了妈妈的朋友应该特别理解，为了孩子我们付出了太多——大量的时间、身体的消耗、强忍着的耐心，等等。我们牺牲了很多自己的东西，让位给孩子。如果家人还不感恩，或者还不能理解，不能给我们足够的支持，那我们真的撑得很辛苦。其实，我们的母亲不也是这样吗？

当她为我们不停地付出着，为了满足我们而压抑她自己的需要时，她当然也会难过，会有愤怒，会有感觉能量不够的时候。好像自己一直在孤军奋战，怪我们这个小家伙，夺走了她很多东西；怪身边的人，不能体恤她，给她肩膀去依靠。

母亲的情绪稳定和孩子的健康成长之间的关系是毋庸置疑的，我们现在有条件成长，所以我们可以学习修复我们人格中的"漏洞"，而我们的母亲当年可能就没有这样的机会。反过来看我们自己，是不是做了母亲后就能更理解母亲了呢？其实这也有一段很长的路要走。只要我们得不到尊重认同，我们在情感关系中得不到支持，我们就总是要花很多心力去搞定日渐冷淡的夫妻关系，去担心孩子的教育，去平衡工作和家庭，那我们自然也没有心力去跟母亲和解，我们会继续带着对母亲的怨恨去养育我们的孩子。

-跟母亲和解的三种结果-

最后我们说说，我们尝试去重新面对自己跟母亲的关系，会有什么结果呢？有三种可能：

一是修通障碍，重建了关系，这是比较理想的状态；

二是跟母亲恢复了关系，但无法像其他母女那样亲密；

三是母亲真的太糟糕，无法达成和解，但你可以让她不去继续影响你的生活。

这三种可能的结果没有对错或优劣之分，取决于自己的成长阶段。和解路上的任何阶段可能都不能避免，而无论你处于什么阶段，都要允许它存在。天下万物的来去都有它的时间，母女关系也一样。我自己的亲身体会是：我以为我永远是第三种结果，但我真的通过自我成长而走到了第一种结果。

记得前面提到的三个阶段吗？理解自己，表达情绪，理解母亲。一点一点来，再慢都有意义。

第三篇 亲密关系篇

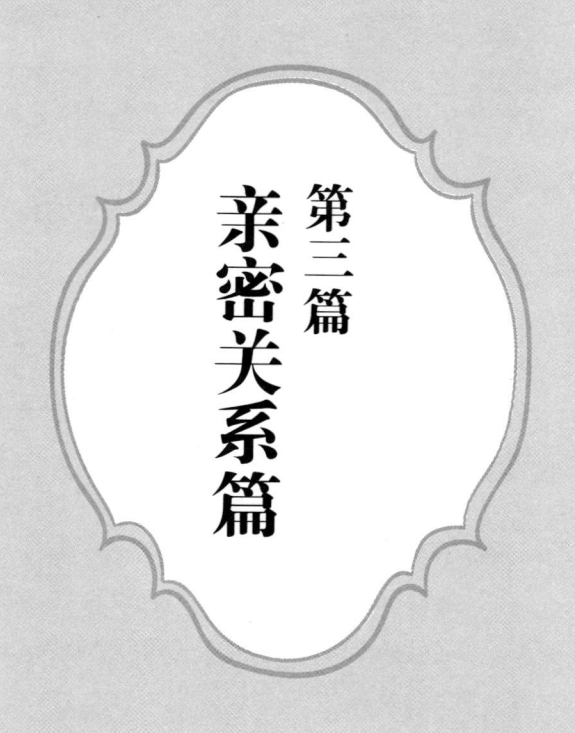

瑞妈的人生困境

拼尽全力挽救我的孩子

　　瑞妈跟团队开了最后一次会议，主要是新老交接事项，她还邀请了自己的老板也就是公司副总全程出席。会议结束后，老板恋恋不舍地送她到公司门口，老板心里知道，像瑞妈这样的可以死磕自己的虎将，他将永远失去了。

　　瑞妈如释重负般地离开了自己供职10年的地方，唯有彻底辞职，才能让她心安，因为她要将精力全部投入她此生最重要的身份中：瑞宝的妈妈。

　　瑞妈之前并没有想过自己也会有为了孩子而辞职的这一天。只是2岁多的瑞宝呈现出种种与同龄孩子不同的状态，再加上她猛学发展心理学，这让瑞妈对孩子出生后没有给孩子足够的陪伴也心生愧疚。辞职的决定是冲动的，但又是思考良久的，那种深思熟虑更多的来自她内心底层的呼唤，那里好像有个声音在告诉她：快去补救。

　　可这样纵身一跃似的母爱并没有让瑞妈得到好的结果，半年后，她还是迎来了医生冰凉的诊断书：自闭症。

　　被告知这个结果的那一刻，瑞妈几乎是一屁股坐地上了。泪水奔涌而出，颤抖着拨通了老公的电话，等她说完后，对方只回了一句"知道了",就挂了电话开会去了。

瑞爸刚开始创业,婚后希望瑞妈能全职在家相夫教子。新婚那段时间,两人的关系紧密,琴瑟和谐。瑞爸喜欢瑞妈雷厉风行的劲儿,但更喜欢的是她回家脱下高跟鞋后,把束着头发的发夹取下,一头扎他怀里的懒散。两人这样的时光非常短暂,随着瑞宝的降生,瑞爸只能眼睁睁看着女儿天天扎在瑞妈的怀里。

创业并不容易,瑞爸投入了更多的精力在公司运营和对外应酬上,毕竟负担两人买的房子以及三口之家优渥的生活,还是一个男人主要的责任。这三年以来,瑞爸回家的时间越来越晚,跟孩子在一起的亲子时光更是屈指可数。有几次因为生意不顺心情烦躁时,瑞爸叫瑞宝,孩子并不理睬他,瑞爸就会冲着孩子发火,最近一次还对着孩子连吼带摇,换作别的孩子早被吓哭了,虽然瑞宝明显也被吓着了,但回应瑞爸的表情却带着木然。

之后,瑞爸就离这个家更远了。往往是瑞妈一个人带着孩子看病上早教课等,瑞爸的公司创业运营周转不畅,交回来家用的金钱越来越少,间隔的时间也越来越久。还好,瑞妈还有些积蓄,就一直在自己应付着。

"算了,放弃吧,咱们再生一个。"昏暗的灯光下,瑞宝睡得酣甜,瑞爸摩挲着头,半天说了这么一句。

瑞妈一下子瘫软在沙发上。她完全没有料到一直被当作靠山一样的男人会说出这样的话。她直视着他,像是在发愣,更像是在确认。她在确认,这是不是她曾经认识的那个男人;她在确认,是哪个环节出了问题,让这个男人变成这样;她在确认,她接下来的路应该怎么走。

现在想来,那一夜像是夫妻关系的转折点。瑞妈痛哭不已,瑞爸闷声无语,两人在疲累中没有任何结论。第二天一早,瑞爸早早起身,没有吃饭就离开了家。

这是一个里程碑似的时刻。仿佛从那一天开始,家庭中原来还模糊不清的规则清晰了起来。瑞妈晚上和瑞宝睡在了一起,她握着女儿的小手,摸着她的小脸,暗暗发誓一定要倾尽全力让孩子恢复。

瑞爸回家的间隔变得更长,回来后与瑞妈的交流也变少了。有几次瑞妈实在受不了一顿发泄,以前温柔的瑞爸,如今的回应是一走了之。好像瑞宝也慢慢长大了,这时候就会问瑞妈,爸爸去哪里了。瑞妈抱着瑞宝一阵狂哭。

自闭症的治疗是个系统工程,包括各种恢复训练的方法。不死心的瑞妈,只能每一种都试试。自己的家底也就在治疗中渐渐耗尽了,于是对于丈夫的支持需要就更为迫切了。

换到两年前,伸手问老公要钱,都是瑞妈不敢想的状态,而现在变成了瑞妈的日常。为了孩子,一定要让孩子恢复,这是瑞妈心底的信念。为了这个信念,她要面对的就是丈夫的一次比一次黑的脸。

丈夫并非完全不管,只是钱给得异常艰难。在每次跟瑞爸说治疗费用的时候,瑞妈都要盘算很久,这话怎么说对方才会答应。于是每次都像是做工作汇报一样,而说完后也像一个在等待上级审批的小下属一样,怯怯地望着自己的老公,观察他的面容和态度。

刚开始要钱时,丈夫还会在每次答应后要求瑞妈和自己亲热一番,似乎作为一种补偿,虽然瑞妈完全没有心情,但为了下次能顺利要到钱就只能应承着。然而就只是像走个过程，丈夫完事后转头就睡，没有多余的一个字。

瑞妈无数次躺在床上都感觉自己是在作交易。

月光洒满床榻，映照着瑞妈闪闪发光的双眼。

终于在一次巨额费用面前，丈夫不再是冷脸或者交易，而是暴怒。那次因为时间急，瑞妈并没有意识到自己的老公其实是在酗酒的情况下听她讲完这番话的，因为明天就需要这笔费用，她实在是着急啊。

丈夫的暴怒是以摔东西开始的，家里的沙发、桌子、桌上的花瓶、饭碗全被掀翻在地。瑞妈跪在地上央求他，不要再砸了，毕竟这些东西都是用钱买的啊，你少砸一样，瑞宝治病的钱就省出来了。

"你心里只有你女儿！"提到瑞宝彻底激怒了丈夫。随即而来的，竟然是几个重重的拳头。

被瑞爸吓到的还有他自己。

他一个劲儿地把自己的头往墙上撞，似乎要撞走这份命运的无力，也赎了他刚犯下的罪。

最终他停了下来，望着卧倒在原地惊恐的妻子，他只说了句："你现在都不赚钱了，你能不能识相点，别再浪费钱了。"

说完这句，他离开了家。

夫妻之间的胶着

瑞妈从未想过，一直深度依赖和信任的丈夫，竟然会变成她生命中伤她最深的人。任何一个女人要想在家暴事件当中复原，都是异常艰难的。从一开始的震惊，到自我怀疑似的否定，最终不得已接受这心碎般的事实，天知道要熬过多少个把牙齿咬碎的夜晚。

瑞爸一周后才回家，带了很多礼物，虽然嘴上没说半句道歉的话，瑞妈能感受到他的内疚。但脸上依稀泛起的痛楚分明拉扯着她，尽管喉咙里塞满了话语，但吐不出一句。而且在这个过程中，瑞妈深刻地感受到，当瑞爸开口说话时，自己从胸口泛起的恶心。

她就这样一直回避着。哪怕能清晰地感受到瑞爸很想拉着她聊，甚至带有祈求似的，请求她可以分点时间给他，瑞妈都用冷冷的眼神拒绝了。

在瑞妈疲惫的眼神里，瑞爸看见了自己脆弱的脸。他打了个激灵，就像突然从噩梦中醒来似的，转身回了自己的房间。

以后的日子里，这个家对于瑞爸来说就是个睡觉的地方。早上一睁眼，洗漱完就开车去公司，晚上不是烂醉就是踩着12点到家，洗个澡一睁眼就到了第二天。周末能加班能应酬的话，就绝不在家里待着。两个人依然和颜地相处着，只不过短短几年而已，已然没有感情了。

就这样，两个人麻木地过了几个月。

某个夜晚，瑞爸微醺着打开了家门，今天的气氛与往日不同，因为瑞妈一个人坐在留了一盏灯的客厅里。微黄的灯光晕染着整面墙壁，在灯影下是瑞妈许久未见的洁净清亮的脸庞。四目相对时，瑞爸的心口躁动了一下，喉咙口突然有些发紧。

"我想跟你谈一下。"瑞妈平静地说着，声音显然压低了很多，这种情况下，瑞宝应该是没睡多久。

他踌躇着走向客厅，在侧旁的沙发上坐了下来。他望了望她，又低下了头,内心期待着妻子说话,他还是希望她能先关心他一下。

"瑞宝最近还是有些变化的,她参加的二医的项目挺有效的。"瑞妈的目光望向眼前的茶几,那也是恰好瑞爸视线落下的地方。默契一直在。

"那是好消息。"瑞爸有些失望,但似乎也只能这样回复。

"我想跟你聊些别的。"

瑞爸将目光收了回来,他感觉瑞妈似乎要说些重要的话,他感觉到会有这样的一场谈话,但他并不清楚她会说什么,或者说他也有一丝抗拒这种氛围的谈话。

"我们离婚吧。"

这句话似乎在瑞妈嘴里储备了很久,没有任何情绪波动。这五个字就像是白纸上打印的一样。

瑞爸重重地喘了口粗气,手来回搓着双腿。

屋子里死寂一般。

"我不同意。"瑞爸缓缓而有力地吐出了这几个字,更多的话就堵在了喉咙口,说不出来了。

瑞妈猜到了他这样回应,转过身子盯着他说:"那我们这样又有什么意义?"

"不行!离婚肯定不行!"瑞爸囔地一下站起身子,向自己的卧室走去。

她一下子站了起来,拉住他的胳膊。

"你是想这样耗死我们娘俩?你看看我们现在过的是什么日子?"瑞妈的声音明显激动了起来。

"我告诉你,"瑞爸也转过身,声音也明显提高了,一字一顿地说："要过你就好好过，离婚，你休想！"

"可这是为什么啊？"瑞妈截住了还要往里屋走的瑞爸，匪夷所思地望着他。

瑞妈在这些日子里，由无数的失望，再到绝望，好不容易感觉自己终于想明白了，要在这窒息的空气里把自己拯救出来，结果这个男人还不放手。

真是想不明白，这么多年，我们已然形同陌路了。我带走孩子重新开始，你竟然不允许，你这是不留活路啊。

"瑞宝的治疗费你负担得起吗？你一个人能过成什么样的日子？"瑞爸冷静地望着她问。

"这你不用操心。她一切都在好转，我准备重新回职场工作，虽然耽误了几年，但养活我俩不成问题。"瑞妈面无表情地回应着。

"行。你都想清楚了，你都考虑好后路了，你这就是来通知我的。"瑞爸生气地点着头质问。

"我告诉你，你想离开这个家，你想跟我离婚也不是不可以。"瑞爸的脸渐渐红了起来，嗓门越来越大，似乎叫嚷着让全楼的人都听见。

"来，咱们来聊一下怎么个离婚法。"他突然认真地看着瑞妈，两眼喷火似地问，但又不像在问，更像是他在通知她。

"这么多年我一直在创业，也没有多买的房子，咱们就这一套房子。现在卖了也就 500 万吧，可以一人一半。但是，"他清了清喉咙继续说，"但我在这个家的投入和支持最多，家里任何开支都是我来，咱们也可以把成本算一下，这样算下来，你能分得的财产也没多少吧。"

瑞妈直愣愣地盯着她眼前这个最熟悉的陌生人，脑中一片空白。

"还有，我公司还在生存期挣扎，按道理你可以分我们公司的股份，我就算给你分500万，但是你也需要负责我另外的1000万贷款，也就是500万。你愿意吗？"瑞爸用一种似乎在说服自己的声音逼问瑞妈。

"最重要的，我告诉你，离了婚，瑞宝的抚养权归谁都没问题，就算闹到法院去，估计判给我的概率会更大。但是……"

瑞爸又停了下来，似乎在酝酿一个重要的决定：

"她以后的治疗费我不会负责。"

说完，他穿过瑞妈身边，径直走向了卧室。

瑞妈不记得自己是怎么关上客厅的灯，怎么爬回床上，怎么关灯睡觉的。暗夜中，她摸着女儿粉扑扑的小脸，又搓着她肉嘟嘟的小手。

瑞妈以为自己会流泪，但很奇怪，今晚她一滴泪都没有落下。

心如死灰的致命一击

走法律程序，是瑞妈无可奈何的选择。对于一个女人来说，亲手推倒自己建立的婚姻，本身就非常难。如今为了她和孩子以后的生活保障，提起诉讼离婚，是她深思熟虑后不得已而为之。

自第一次在家中提离婚被老公拒绝后，瑞妈就在闺蜜的帮助下，搬到了离二医较近的地方。租的房子虽然没有原来的大和舒适，但抬头低头没有了瑞爸的身影，让瑞妈心里舒畅了不少。

虽然偶尔会感觉到失落。

瑞妈有时仍然需要瑞爸来帮着带孩子去做治疗,所以瑞爸偶尔会来看她俩。她也在互动中感觉到了他试图挽回的善意,但也明显地感觉到在这些挽回里,更多的是出自他对失去一个完整家庭的恐惧,而并不是对她,尤其是对女儿的珍惜。

这样反反复复拉扯,持续了两年。

在见到闺蜜安排的擅长承办离婚财产分割的王律师后,瑞妈决定结束这段拖拖拉拉的今生缘分。

半个月后,这位王律师约瑞妈见面。但他带来的消息对于瑞妈来说,更像是一个晴天霹雳。

在诉讼调查的过程中,王律师查到其实瑞爸已经有了一位女朋友,并且该女友已怀有身孕。虽然在婚姻当中经历了层层的失望绝望,但瑞妈总觉得他们之间有着瑞宝这根线连接着,即便她也铁定了要离婚,但却从未想到,瑞爸会首先背叛她和女儿。提离婚的是她,主动搬家的是她,瑞妈一直以为自己在这段关系里多少占据了主导权,虽然是因为太过伤心而做的那些决定。

但眼前的事实却分明在羞辱她。

那感觉好像在说:你个大傻瓜,人家早就另谋后路了,就你一个人还期待着峰回路转。愚蠢的女人!

在王律师的陈述中瑞妈得知,就算对方有这样的行为,要证明对方是婚内出轨,甚至证明对方有事实同居行为,在法律层面仍然困难重重。

瑞妈不知道是怎么离开律师行的,整个人像丢了魂儿一样。

坐在出租车上,眼前一幕幕的场景重现。那年在职场意气风发的自己，遇到了踌躇满志的瑞爸，两人虽然在工作场合认识，但第一次见面就聊了很多跟多年同事在一起都不曾聊的心里话。两个惺惺相惜的灵魂，碰撞出耀眼的火花。他们顺理成章地步入了婚姻。二人世界的温馨让颇有些棱角的瑞妈也渐渐柔软了下来。记得那时，下属们都非常感激瑞爸，因为这个男人的出现，让瑞妈的加班变得越来越少了，平时沟通起来也越来越温和了。

要说两人关系转坏的源头，从时间节点来看，的确是女儿的出生。

瑞妈在没有遇到瑞爸之前，感觉自己是个孤独的灵魂，在他的呵护下有了温暖的陪伴。而女儿的出生，才让自己这个灵魂瞬间饱满了起来。

她也说不清楚这个温柔可人的小东西为什么会让她渐渐放弃了自己，当女儿有需要时，瑞妈可以放下手中的工作马上飞奔回家，因为她知道女儿的世界只有她。与此一同牺牲的，除了事业上更高的追求外，还有自己分享给老公的时间。

当然，现在回头看这些都不是重点了。

瑞妈这么在意女儿，而女儿在瑞爸眼里竟然是个残次品，想要再找其他的产品替代！随着出租车的颠簸，她的泪珠如弹珠般撒落在后座上。

"师傅，我们换个地址。"瑞妈擦了擦脸上的泪水，她忍不了，她得要个说法。

当瑞妈到了自己家门口时，已经哭得无法自已。数度抬起敲门的手又落了下来。她的双手无力地垂着，双肩不停地起伏着。

淡定。瑞妈告诉自己。当再次要伸手敲门时，突然意识到自己包里还有家里的钥匙啊,伸手摸钥匙的刹那,一阵辛酸。

"我回自己家,却不知道要拿钥匙开门。"瑞妈在心底里嘲笑着自己以及自己的这段婚姻。

其实她没错,她应该敲门。

因为她的钥匙打不开自己的家门。

听到屋外异响后,有人来开门了。

瑞妈正在用零点一秒的时间准备怎么跟瑞爸开口时,眼前开门的是个年轻的姑娘,正挺着微隆的腹部,吃惊地看着她。

对于这个女孩来说,无疑是史上最尴尬的时刻,但是对于瑞妈来说,无疑是史上最羞辱的时刻。

瑞爸跟在女孩身后出现了,他连忙一手挡住女孩,一边把瑞妈拉进了房间——他决不允许瑞妈的崩溃声让邻居们听见。

瑞妈一句话都说不出,从律师行出来的愤怒,到此刻的羞耻,任何一个女人在这样的情境下都要疯狂。

她只是两眼死死地盯着他,喷火。

女孩被瑞爸连推带拽地劝进了卧室——他们曾经的卧室。

"啪啪啪"一连几个耳光,是此刻瑞妈唯一能做的事。

这几个耳光无疑是有力的,瑞爸这个大男人竟然还打了个趔趄。

"是你要离婚的。你都已经不要我了,我还能怎么样?我只想要个正常的家庭,正常的老婆和孩子。你看你这些年,你已经不是正常人了!"瑞爸一字一句地狡辩着。

瑞妈深刻地感觉到,瑞爸再说什么,对她来说已经不痛了。

因为她的境遇已经到了最深的低谷,还有什么比这更痛的呢?

瑞妈突然闪过王律师说过的一段话，证实瑞爸的婚外同居行为构成重婚是比较有难度的，难在取证。

难什么？现在被我抓了个现行！她掏出手机，直奔卧室，打开录像功能，就开始对着那个怀孕的女孩一顿狂拍，边拍边像泼妇一样骂着。

王律师说了，这样的取证难点就在于无法捉奸在床，所以无法证实同居。

瑞妈边回忆王律师的话，边开始谩骂。

"大家来看看，我自己家进不去了，我老公在外头包养这个女人，都已经怀孕了，有四五个月了吧？你好意思就这样破坏别人的家庭吗？你和他睡了多久？你在我们家睡了有半年了吧？你是一睡过来就怀孕的？你看看床头的一家三口的照片，你不难受吗？你明知道他是有家庭的！"

瑞妈连连逼问着，像是在发泄，也像是在取证，王律师说必须对方承认才行。

可眼前的小三在瑞爸的护佑下，用双手和头发挡住了脸，一声不吭。

瑞妈绝望地看着自己的老公，把手机往地上一扔。

瑞爸立即俯下身去拾她扔落的手机，而当他抬起头来时，才明白这是瑞妈的调虎离山计。

女孩已经被瑞妈推倒在地上，肚子正对着床头柜的柜角，不偏不倚。

闺蜜再次看见瑞妈的时候，是在公安局。瑞爸在那个场景里，直接打了两个电话，一个是120，另一个是110报案。

这个未出世的孩子没有等到见这个世界。同时，瑞妈也没有办法证明瑞爸的婚外同居事实,从而证明怀的就是瑞爸的孩子。

但瑞妈的故意伤害罪却被立案了。

瑞妈的人生

瑞妈平静地坐在我对面这个墨绿色的沙发上,缓缓地告诉我这些故事。在很多瞬间我恍惚觉得她是在口述她一位朋友的事,她的情感并没有和那些事件本身贴在一起,有时能感觉在经历那些事的当下,她的情绪并没在那儿;有时又感觉再回顾那些事时,她故意抽走了当中情感的部分,只是文字性地告知我。

当然,我理解。任何一个人如果有以上这些经历,都可能陷入崩溃。而作为一位母亲,崩溃是最没用的东西。

为了自己有力气活下去,索性不去想,不去感受,自然节省出很多崩溃的时间。

作为咨询师,很多时候更像是一面镜子,去照见来访者未曾浮现的潜意识,或者未曾被允许的情感。

我相信在一个个故事里,虽然我并没有太多表达去催化她的情绪,但我多次雾蒙蒙的双眼,让瑞妈在一次次陈述中语速放慢,渐渐贴近自己的内心。

"你从东北的小城市考进了南京大学,大学毕业后再一路攀升到500强公司的部门总监,其实这一切是很不容易做到的啊,但是好像对于放弃这三十多年的努力,你只考虑了一个晚上而已。"我仿佛在总结,也似乎在问她。

"是的,毕竟我做了母亲,似乎跟母亲这个身份相比,其他的都不重要了。"她的回答也在我意料之中。

"你现在怎么看当时做的这个决定呢?"我追问。

"其实我老公撤诉后,我们火速地办理了离婚手续。我想尽快结束这种纠结的关系,好把心力更多地放在照顾孩子身上,所以就在财产分配上做了最大的让步。"瑞妈似乎还有很多话没说完。

"但我离婚这一年来,我以为我可以有解脱的感觉,但我发现似乎命运并没有放过我。我想让自己重新站起来,我想回到原来的职场,但发现回不去了。我用了很多方法。我也想像您一样,做个心理咨询师。但我发觉这玩意儿就像老中医,没几年根本出不来。"她朝我看看,自嘲似地笑了一下。

"原本以为离婚是一种解脱,但发觉离婚后的各种努力似乎都无效,好像感觉到很多无力,也很挫败。"我试图在情感上回应她。

她点了点头,头垂了下来。

"现在这样的挫败,以前也体会过吗?"我试图更近一步。

她摇了摇头,很茫然地望着我说:"我有点分不清了。好像从瑞宝确诊后,我就已经在这样的情绪里了。然后越努力,挫败越多,我辞职带她去做恢复治疗,我离婚后尝试东山再起。好像命运在我生瑞宝之后,就已经在我的生命中划了一道分界线。我的上半生是爱拼就会赢,下半生是越拼越输。"瑞妈边笑边摇头。

"似乎人生的前半场体会的都是努力就有好结果,而从瑞宝出生后,一切的努力都得不到好结果了。"我歪着头试探。

"老师,您怎么能这样说?!您这样是说我的孩子不该我这样去救治吗?我跟您说,如果需要让我拿命换,我也一样愿意!"瑞妈之前压抑的泪水全都狂飙出来,颗粒大的珠子噼里啪啦掉落下来,瞬间就浸湿了一片沙发。

"是的，你真的很爱她，为了她，愿意不惜一切代价。你给了自己太多压力，你甚至都为此做出了牺牲自己生命的准备……"

我在不断地反馈着她的情绪，也让她一次次接近自己的情绪。

瑞妈结结实实地哭了10多分钟，她需要这样的宣泄，她承担得太多，也压抑得太多了。

"老师，刚才那一瞬间，我对您特别愤怒！"瑞妈平缓后，面对我说。

在咨询中，当来访者对咨询师产生了移情时，往往是个特别好的时机去处理她的个人议题。这时就需要咨询师帮助来访者看到自己内在的情绪，以及这个情绪的意义。当我还没来得及反馈时，瑞妈却先开了口。

"这样的愤怒，我对我妈经常会有。"

"在什么情况下呢？能举个例子吗？"在咨询中的情绪，虽然表面看上去一样，但我们仍然要探究这个一致性下面的引动机制是否相同。

"挺多的。从小到大，好像在她这里总是会有一种感觉，就是怎么努力都没用。"

"也就是说，是你妈妈反复地让你体会到挫败？"

"是吧。就是好像没用，怎么做都不行。"

"我感觉你现在脑海中似乎浮现了很多事，你愿意分享你此时想到了什么吗？"我望着两眼迷离陷入回忆的瑞妈，希望她可以更进一步。

"不知道怎么的，我想起了一件事，可能和刚才说的事情没什么关系。但我……就是……老师，是这样的。"瑞妈显然陷入了记忆碎片，她在表达的时候也在重整思路。"我们东北农村不待见闺女，我那个年代也是。我有个姐姐，所以生下我已经是超生了。后来我妈东躲西藏地又生了老三。"

"可老三生下来，还是个丫头。"瑞妈的面部开始抽搐，似乎陷入了痛苦的回忆。

"然后我们家就一直藏着这个丫头，都不往外说，也不带出门。我跟她差了5岁吧，我特别稀罕她，在家里主要照顾这个小妹妹的就是我。"瑞妈嘴角微微笑了笑。

"我觉得我这小妹妹好像有点灵性似的，特别乖，从不哭闹，饿了最多哼哼几声，奶完了我就一直抱着她，哄她睡，逗她玩。我啥也不干，我就稀罕和她在一块儿。"她突然把头沉了下去，开始抽泣。

"有一回哄她睡着了，但醒来时发现她红着鼻子，我才意识到自己睡得太沉了，没注意把她的脚盖上被子，结果着凉了，她就一直发烧一直发烧……"瑞妈语速越来越快，好像重回当年的情境里了。

"我妈也用了些土办法给她治，但不知道怎么了就不见好。我爸和我奶则根本不管，连问也没来问一句。我那天求我妈带她去医院，让医生给看看打个针可能就好了。我是哭着求我妈的。我受不了小妹妹的脸一直红彤彤的样子。她才几个月，不能这样一直烧啊。"

"我妈好像是熬不过我的死磕，就应付我说第二天去医院，我才去睡了。我早知道就不该睡，我不该睡，我哪想到会这样……"

瑞妈已经涕泪横流。

我搭着她的肩，安抚着她的情绪，我知道这个时刻对她来说很难，我告诉她："我在，我陪着你。"

"我第二天上午被一阵声音吵醒,睁眼没看见妹妹,马上光着脚挨个屋子找。结果在我家房后大槐树下,我看见我爸在刨坑,我妈跪在旁边,拿着小毯子裹着一个东西。我整个人都疯了,我知道那是妹妹。我冲过去,扒拉开那块毯子,拼命地摇妹妹,但她没有任何反应。"

瑞妈整个人掉进了沙发里,身体蜷缩在一起,完全陷在当年5岁时的情境里。接下来,她一句话也说不出,几度哭到喘不上气。

我数次带她关注呼吸,回到当下。

"这不是你的错。这不是你的错。"我一遍遍地重复着,一遍遍地告诉她。

瑞妈自然是对自己的母亲有愤怒的,但她将更多的攻击指向了自己。如果当时她睡得不那么沉,那么妹妹就不会得病,也就不会长眠于树下。

虽然这事发生在瑞妈5岁时,但却成了她一生努力的背景音。她只有拼命努力,竭尽全力,甚至不惜搭上自己的性命,才不能再犯曾经的错误。

对于瑞宝,对于离婚后脆弱的自己,都让她愿意付出一切去用力拯救。

"那根本就不是我的错,我也没必要这么用力。"

瑞妈最后轻轻地喃喃着。

一位男性来访者的人生故事

两年后。

男人看上去其实还算精神,但两鬓和眉宇之间刻满了沧桑,当他告诉我只有 47 岁的时候，我还是小小惊讶了一下。

他很客气地告诉我通过朋友介绍来找我咨询，希望我可以帮他梳理一下自己的议题。说这些话的时候，我注意到他只让自己坐在沙发一半的位置，身体也挺得笔直。

在咨询室里遇见男性来访者，本就比较稀罕，而这样的来访也很容易呈现出极端化的情境。有些男性一脸傲慢地坐着，每一个回答里都严防死守，仿佛不是来求助，而是来打擂台的，这样的来访者通常是被自己的太太推进咨询室的。另一些男性虽然比较少见，但也是一种现象：他们会认真地跟你倾吐完，听你的意见，当你以为沟通已经很顺利，咨访关系建立得很好的时候，对方突然来一句"心理咨询是挺舒服的，就跟按脚一样"。

眼前的这位男士的呈现的确比较特别。既没有前一种男士的阻抗，也没有后一种男士对女性咨询师的不尊重。他是既积极又尊重的样子。这样的印象在持续了 30 分钟的访谈后，竟然越来越深刻。我忍不住反馈给了他我对这个现象的观察。

"哦，唉。"他明显有点惊讶于我的观察，马上补充说："可能和我最近这一年多的反思有关吧。"

我侧着身子，竖起了耳朵，示意他可以展开说说。

"我这些年经历了很多事情，当时非常痛苦。现在惨淡收场以后，经过一些反思，我好像对自己有了些理解，也有了更多的困惑。"看得出，他说得很真诚。

"可能这也是为什么我坐在您面前，会让您有这样的感觉。一方面，我发觉我不了解自己，而在让一个人深刻地了解自己这一点上，您是权威。我虚心向您学习。另一方面，希望您别介意。"他

113

突然停了下来,一副欲言又止的样子,还稍微有点羞涩。

"哦,看来第二点很特别。"我笑着鼓励他说。

"对,因为您是女性。"他尴尬地笑着,继续补充:"我感觉我亏欠女性的太多了。"

最后几个字几乎是被他吞了下去,还好我的听力足够好。

"这几个字虽然很轻,但感觉在你心里很重啊。你愿意展开说说吗?"

"周老师,其实如果没有那些痛苦的日子,我可能一辈子没有机会反思自己。我希望用接下来的人生去弥补一些我的过失。"

他说话的样子,像极了跟神父在祷告。

"我之前有过一段婚姻,我很爱我的太太,我以为我自己是个很爱女人的男人,我以为自己是很疼惜女人的男人,但我却给我太太带来很深的伤害。我逼她给我生儿子,我还打过她,我还出轨过。我简直就是个人渣。"

他说到一半时,音质已经发生改变,仿佛他的声带是一辆老破车,传来的声音时断时续。

"听上去,你很后悔和自责。"

他点头如捣蒜。

"当然,我一开始不是这样的。我的妻子是我理想的类型,我从来没想过要和她分开。但我总感觉在她那里,我不如她的孩子重要。生完孩子后,她基本就不让我碰了。而且我们的孩子有点先天缺陷,又是个闺女,我当时也不知道怎么了,我一门心思就想要个儿子。我觉得有个儿子,我们的婚姻就能幸福起来。"

我皱着眉问:"你是说健康的孩子,还是说儿子?"

"健康的儿子。"他斩钉截铁地回答。"唉,所以说,老师,您知道我以前多轴了吧？那时候我还没意识到我这么迂腐。直到离婚后，这几年我越琢磨，越感觉自己愚蠢至极。"

"所以这些年你认识到自己的重男轻女思想给你婚姻带来的问题，很后悔是吗？"

"是后悔。而且我不是人，我还找了个女人指望她给我生个儿子。关键是，还让我前妻知道了。这事对我前妻的伤害太大了。"

"不过这些都过去了，我也在尽力弥补。"他扼制了下自己激动的忏悔，清了清嗓子接着说："我来找您是想让您帮我看看，我这个人的心理是不是扭曲？"

我将双眉抬高，示意他继续说。

"我最痛恨的就是不保护女人的男人，在发生这些事情之前，我感觉自己特别爷们，我一定会好好善待自己的女人。没想到，我不但伤害了孩子她妈，也伤害了我闺女。我就感觉自己特别……"他皱着眉在寻找合适的词汇。

"冲突？撕裂？"我尝试理解他。

"对。就是这种感觉。"他抬起头望着我说："老师，您知道吗，我考大学的时候特别选了个离家远的城市，就是为了离开我家，走之前我对我妈发誓，我这辈子一定要出人头地，把她从我爸身边接走。"他的声音又发生了变化。

"我一直特别看不起我爸，他就会喝酒抽烟赌博，没酒喝了、没钱赌了，就只能打我妈出气。"他的身子已经蜷缩了起来。

"我妈为了护着我，不让我爸揍我，就一直忍着不敢还手，让我爸打痛快了，我爸就不会揍我了。"我递过手边的纸巾给他，我知道这个时刻对他非常重要。

"我年轻时,只是觉得我爸窝囊,才会对我妈那样粗暴。所以就想赚钱,我想只要有了钱,就能给老婆孩子好的保障,这才是一个男人该有的样子。我就拼命努力,努力到没有时间在我老婆需要我的时候帮到她。我又特别害怕失去她,而她却总是跟我提离婚。我真的气急了。我爸那么打我妈一辈子,他那么窝囊,都没把我妈打跑。我为了这个家拼命努力,她却还想离开我。那段时间,我真的心里全是火,就是发不出去。后来我就做了很多对不起她的事。"他拿着拳头捶了捶自己的心口。

"所以你真正痛苦的是,你发现你拼尽全力想成为和父亲不一样的人,但你最终发现,其实你和他也差不多。"我直视着他问。

他明显愣了一下,叹了口气,点点头。

"我小时候父亲没少打我,按照我妈的说法,我小时候特别爱哭,胆子也特别小,但也是个小暖男。"回忆起妈妈的话,他嘴角泛起了微笑。"我印象特别深的是,当我害怕得要哭的时候,我爸就一个巴掌下来了。多挨了几个巴掌后,我就不会哭了,心里再慌,再怕,我也不表现出来了。我知道,我不告诉别人我害怕,就没人知道我害怕。而且我后来还学会了越是害怕的时候越凶,别人就不敢欺负你。这点也是跟我爸学的。我上初中时个子已经长到一米八了,我爸有一次准备揍我,在他还没挥拳头的时候,我先一把把他推到地上。从那以后,他没再碰过我。"

"你向他学会了用暴力的方式压抑内在的恐惧?"

"嗯。"

"虽然这是我们第一次面谈,但我非常感谢你能坦诚地告诉我这些,而且你对自己的行为有深刻的反思和足够的好奇去探索。我想这是为我们之后的合作打下了非常棒的基石。"他背后的时钟提醒我要停在这儿了。

"老师,我这样的人还有救吗?我真的想再和我前妻在一起,三年多了,我知道,我需要和她们母女在一起。但我感觉自己就是个罪人,我害怕我以后还是会和我爸一个样,就像我以前一直以为自己不是他一样。"

"可是,你也是受害者啊。如果我们把那个敢于面对害怕并且真实表达恐惧的男孩子找回来,而不用担心再时刻被父亲暴力对待,那么我想,你会重新成为你理想中那样的男人的。"

他感激地望了望我,约好下次的时间后,转身离开。

开车回家的路上,已经灯火阑珊。

我的咨询室在上海有名的淮海路上,在路口停下等行人通过时,一个熟悉的身影正走过人行线,她笑意盈盈地向前走着,顺着她的视线望过去,是刚才咨询的那位男士。

对,她是瑞妈。

绿灯开启,轻踩油门,我启程回家。

第七章
你给自己的定位，如何影响婚姻质量

接下来，我们进入亲密关系这一篇章，一起来看看对女性来说非常重要的关系——爱和友谊。

我发现很多女性开始投入心灵成长，都是因为在亲密关系中感到痛苦，这里的亲密关系大多是指我们和伴侣的关系，也有一部分是来自我们和孩子的关系。不得不说，亲密关系对于女性来说是一个非常头疼的事。我们也会发现，真正能给我们力量和帮助的，往往是我们女性自己。所以，我想把亲密关系和自我成长放在一起来讲，我希望大家能够让这两者相辅相成——在亲密关系中获得自我成长，让自我成长反哺亲密关系。本篇中谈到的亲密关系，主要是我们和伴侣的关系，以及对我们来说很重要的女性朋友之间的友谊。

我们先来走进婚姻，看看婚姻中的自我成长和夫妻关系。

–夫妻关系的不平等–

很多时候，夫妻的地位是不平等的，这种不平等不一定是表面上的不尊重、男尊女卑，而是更深层的、夫妻各自对自己和对对方在婚姻中的一种角色认同。

不知道看完瑞妈和瑞爸的故事，你有何感想呢？

很多时候我们看到婚姻中的表象问题极其类似，比如家暴、出轨，比如丈夫看似对家庭不负责任，妻子对家庭尽心尽力但被始乱终弃。当我们只是聚焦在表面的现象时，自然会生出很多情绪。但如果我们把男女主人公放到个人成长的历史长河当中，以及更大的一个文化背景下，我们就能看到更多在关系当中呈现的那些表象背后的原因，从而对男女主人公有了更深的理解。

当我们看到瑞妈和瑞爸在很多事情上的分歧，我们会发现，那些分歧点可能都具有相似的底色：

瑞爸有很明显的男主外女主内的思想。他对家庭的责任尽心尽力，与此相适应，也认同养育男孩对传宗接代有多重要。虽然他非常体恤像母亲这样的受害者，但是他在抗拒父亲的过程当中，也俨然变成了父权的维护者。因为他最后也是靠暴力制服了他的父亲，同时他内在也认同了这份暴力。

瑞妈的内在也非常认同母亲这个形象，她受到过良好的教育，所以在刚结婚的时候并没有被瑞爸提出的全职太太的要求所打动。但却可以为了孩子放弃自己苦心经营的事业和前途，也由于过度关注孩子而忽略夫妻同盟的关系。为了孩子牺牲自己，这是很多中国式母亲的做法。我们也可以看到瑞妈的底层动力，是带有自我牺牲式的拯救，而这个拯救的根源对象是重男轻女的封建文化。

我们如果放大自己的婚姻去看的话，可能也会发现很多由于男女性别角色的刻板认知所带来的性别不平等。男人把事业看得比家庭重要，女人把孩子看得比夫妻关系重要。从而女人感觉这个家里的丈夫是缺位的，而男人感觉自己不被家庭所需要。其实这些看不见的理念认同所呈现出来的，就是家长里短的那些冲突。

-女性被压抑的愤怒-

在瑞妈的案例里，她遭遇了被出轨的事件。这在我的女性来访者里真的是很常见的现象，但很多女性在面对这样的现象时，并不允许自己表达愤怒。

在帮助她们面对被出轨的婚姻时，我发现一个现象非常普遍：

当一位女性突然意识到自己的先生离开自己，走到另外一位女性身边，在探索进行到一定的阶段，会发现自己的情绪管理不善是导致夫妻关系出现嫌隙的根源。往往在这时，这位女性就很容易陷入自责的情绪里。

很多丈夫会说：结了婚之后我老婆好像变了一个人，脾气越来越暴躁，我真的受不了了。原来她是多温柔的一个人，可是现在变得蛮不讲理，都是我惯的。

这些话耳熟吗？

我们会看到，其实在夫妻关系中，女性常常会有一些默认的服从。因为似乎男人可以愤怒，但女性是不可以愤怒的。如果女人发火，男人就可以第一时间指责女人不够温柔。这好像已经变成了我们整个社会的约定俗成。

有过心理学背景的小伙伴们应该都知道，如果你的恨不被充分表达，爱是出不来的。如果你的不满一直被压着，它就会在你的生活当中隐隐作痛。

所以不够尊重自己的感受，后果就是隐忍着隐忍着，有一天就会情绪爆发。

之前我们说过，女性相对来说是比较善于自省的，而"善于自省"背后其实有一股自卑的因素。这又要回到我们之前讲过的内容,就是女性一路的成长历程很容易让她们带着一种羞耻感,于是很容易接受外界"你不够好"的声音。

这样我们就陷入了一个误区:

当我生气的时候,我觉得女人应该温柔,生气是不好的。所以压抑了怒火,结果生闷气把自己压抑得不行。越是压抑,脑子里越会浮想联翩,就越感觉难过,进而演绎出更多的委屈。

即便我经常能发泄情绪,但是结束后总会被指责:你怎么脾气这么大?然后我就陷入自责里。前面的怒气刚消,又开始生自己的气:是呀,我是不是不够温柔?

学习过心理学的小伙伴会经常陷入一个误区,就是当没有察觉到自己在婚姻中的问题的时候,我可能会很用力地去犯错,这是无意识层面的;而当我知道错误在哪里,我又会陷入很用力改错的状态。就比如在所谓的修复出轨或者挽回婚姻阶段,女性容易跳进一个重要的情境,就是不敢去谈对方出轨对自己的伤害,也不敢表露自己的愤怒。

我们都知道关系不可能是单方面的,造成一段关系出现问题,肯定是你有份,我也有份。很多时候,女性会不知不觉地就把自己放在了跟男性不平等的位置上。所以这里的关键就是,我们能不能在呈现问题的时候真实地还原两个人各自的问题,而不是全盘接受社会对女性的苛刻要求。这样的成长才能真正有助于婚姻。

-在婚姻中,你给自己什么样的定位-

亲爱的女性朋友们,在婚姻中,你们是怎么定位自己的呢?如果你是男性朋友,也可以问问自己,你怎么看待另一半在你们关系中的位置？

在我所接触的案例里有各式各样的情况。比如说女性生育时执著于要生一个男孩，我知道的一位女性，她连续做过10次流产，就是因为想生一个男孩。再如有的姑娘找伴侣，必须找年薪在她两倍以上的。又如男人出轨是可以容忍的，因为男人就是用下半身思考的动物，只要心在家里就行了。

很多女性常常在不知不觉中认同了社会对女性的定位，仿佛给自己上了一道隐形的枷锁，在婚姻里限制自己表达感受、提出要求，在职场上限制自己去拼去闯的空间。而越是把自己的重心收回到家庭里，越是在婚姻中限定自己，自己越是被动，如此陷入恶性循环。

我想大家都有这样的感觉，如果一位女性在事业上非常出色，她可能经常会被问到一句话："你是如何平衡事业和家庭的？"但我们很少看到一个事业成功的男性被问到这样的话题。好像我们的整个社会都有一个默认的男女家庭角色分工，男人应该是承担经济和社会义务的，女人天生就是承担家庭义务的。

问题是，在经济压力剧增的现代社会，女性也常常必须在外工作，但履行家庭义务的职责仍然在我们女性身上，这对女性来说就是双重负担。这就造成了一种不平衡和畸形的现象——好像男性仍然是阳刚的，有承担的，对待事业负责就可以了；女性在追求事业的同时也不能放弃家庭，社会对她们有双重要求。这就是社会在快速地发展变化，但是社会对男性和女性在家庭中的角色观念却没有及时更新。于是，女性就不得不为了家庭放弃更好的工作，为了生育放弃自己的职业生涯，让自己去从事时间更灵活、福利更差一些的工作。而时间久了，自己就会越来越没有竞争力，在跟另一半沟通时也慢慢地思想脱节，在婚姻中的地位越来越低。

当女性要承担家庭的经济和孩子的养育，以及承担妻子义务的同时，如果在某些方面没有得到很好的支持，这个领域的问题就有可能出现比较大的危机。

我不知道您是否还记得前几年的一个案例：一个男孩子因为在学校里和同学打牌，他的妈妈被班主任电话通知到学校里来聊这件事。当时孩子妈妈情绪非常激动，就站在走廊里掌掴她的儿子，同时还有激烈的训斥。在这位母亲愤怒地离开之后，她儿子转身跳下了教学楼。这一切都被走廊里的监控记录了下来。

当这件事情被报道出来后，舆论的第一时间，其实包括我在内，都感叹现在的孩子抗挫能力怎么那么差，更多的也会指责这位母亲，为什么情绪管理那么差，对孩子这么不尊重。

半年后我读了一份报道，大概描述了他们的家庭情况。原来这位孩子的父亲多年欠着赌债，母亲一直在为其还债，忍无可忍之下跟父亲离了婚，独自一个人带着孩子。而且由于还赌债，家庭经济状况非常不好，她一个人承担着非常重的体力劳动，还要负责孩子的教育。在这样的情况下，情绪自然是好不了的，悲剧就在那样的激化下发生了。

出事之后，这位母亲自责到了极点，而孩子的父亲及其亲戚在事件后，在学校附近租了房子常年索取赔偿，但母亲由于情绪崩溃，没参加索赔之事。报道中称这位母亲在无限的自责和愧疚之下，也选择了自杀。当我得知这一切的时候，我感觉非常对不起这位母亲，虽然我从来没有公开发声谴责过她，但我也曾在心里默默地指责过她。

老公出轨就是因为你不够温柔，孩子出了问题就应该妈妈负责，女孩被强奸是因为穿得太暴露，女人被家暴是因为顶嘴，甚至女人生不出男孩，就无法获得家庭地位……其实我们可以看到，这些歪曲的理念本质，就是受害者有罪论。好像存在这样一种潜规则：出了事习惯找一个弱者去怪罪。

但就如我说的，关系是相互的，如果我们的文化就是固着在男女的刻板印象上，固着在传统的男女角色分工上，其实这本身对男性也非常不公平。如果我们认为男性气质就应该是阳刚的，男儿有泪不轻弹，当这位男性在全力以赴地追求事业的过程当中，遇到任何挫折就会强忍着不表达脆弱，不仅不对外表达，而且连对自己的妻儿也是如此，这对于男性自己也非常不公平。因为当你一直不表达脆弱，不表达自己的感受，不表达自己的情感，你不但让妻子感受不到你情感上的联结，而且对你自己也是一种残忍。当你脆弱的时候，你就得不到足够的支持。就像瑞爸在工作中无论承担多大的压力也不愿意向自己的妻子袒露，在妻子的眼里就只能看到一个回家铁青着脸的无情男人。

我们经常会说女性太情绪化，而男人不擅长表达情感，是造成两性关系问题的元凶。其实男女从基因上来说，这方面的差异并没有那么大，这更多的是由于文化造成的对自己的禁锢。

当无数的男男女女带着这样的一个文化认同、角色认知进入婚姻时，自然而然就会有很多冲突。我们要看到很多的关系问题并不是妻子和丈夫的关系问题，也不是男人和女人的对立问题，本质是我们认同了某一个理念给我们种下的种子，因为这份认同，所以我们很难有松动,很难去换位思考。

亲爱的女性朋友们,不知道以上内容是否能叫醒你?当我们孜孜不倦更改我们婚姻中的错误的时候,也许很多问题的根本不在于我们没有安全感,或者不会沟通,或者没有爱的能力,根本问题就是出在我们都是被文化认同所限制了。

自然,社会文化我们一时无法改变,但要在这样的大环境里保持觉知、维持平等,我们在能力范围之内能做些什么?我可以给你简单的几个方向:

第一,在日常交流中保持觉知。

尤其是跟伴侣的交谈中,有些问题,其实背后深层次的原因是性别不平等。基于这一点,你可以和伴侣好好沟通协商。

第二,坚持自我成长。

你可以在全新认知的基础上,选择适合自己的心理成长课程,更深刻地理解自己,让自己更有力量,话语权很多时候还是由实力来争得的。

第三,保持活跃上进的朋友圈子。

我们都知道环境对自己的影响,而环境里对自己影响最大的是自己的同龄人。你可以检视一下自己的朋友圈,尤其是女性朋友们,她们对性别、对婚姻的态度是怎样的。你可以把这些内容分享出去,但如果身边朋友的观念根深蒂固,你可能也需要新的朋友来支持你。在一定程度上,你的朋友圈决定了你的生活质量。

亲爱的男性朋友们,千万不要认为我们女性在争取自由独立平等的路上是跟男性对立着的。相反,我看到在生活当中的女性,更多的呈现出对男性的宽容支持和理解。而我也相信我们的很多男性朋友也希望在自己脆弱的时候，可以被允许自由表达，从而得到来自伴侣和家庭的支持。如果我们不去刻板地认同那个角色，而是真真正正地把自己当作一个有血有肉的人来看，也许你婚姻当中的很多问题就不是问题了。

希望以上内容可以让你从另一个角度去看待你们的亲密关系。接下来继续探讨，你们的亲密关系走到了哪一个阶段。

第八章
亲密关系三阶段，你走到了哪一阶段

之前的内容有没有带给你新的发现，也就是我们无意识中给自己性别角色的定位，是如何影响我们亲密关系的。当我们在婚姻中遇到问题的时候，我们会本能地思考：这是我们在沟通层面出了什么问题？还是我们在性格层面出了什么问题？

然而如果跳开这些层面去看，会发现很多婚姻当中的冲突是来自我们被社会告知的一些理念。就比如说男人一定要赚钱比女人多，男人一定要有一份有成就的事业，同时女人的职能就是生孩子、相夫教子。所谓的性别角色的刻板印象，不仅对女人不公平，对男人也同样不公平。所以我们需要重新去定位，在我们的爱情里，双方应该是什么样的角色和地位。

接下来我们一起来看一看，当我们希望我们的亲密关系更上一层楼时，我们可以怎么办呢？

-女性的"天花板"-

你有没有听到过一种说法：女性比男性更在意关系。她们更依赖关系，需要在各种关系中才会感觉自在，包括亲子关系、友谊、亲密关系等。而相比较来说，男性对于关系的依赖程度就没那么强。你认同这种说法吗？

可能你会说，好像真的是；也可能会说，没有吧，我觉得这跟性别没关系。其实下什么样的结论并不重要，重要的是，我们的社会似乎一直以来都是这么教导我们的：女性更依赖关系来生存，相应地，女性最核心的价值就体现在能把关系照料好，比如要做贤内助、要贤惠体贴、要相夫教子等。我们要能够看到社会给我们灌输的这些观点，不然的话，我们可能错把这些当作自己真的想要的，正在作茧自缚而毫不自知。

我在一开始做咨询师的时候，也很难分清楚这方面的一些区别，在处理家庭问题或者是婚姻关系问题的时候，也会不自觉地认同这个文化体系。这是一个在潜意识里非常精微的部分，如果我们不去觉察的话，我们可能就会让自己陷在一种习惯化的自动思维和行为模式里。

让我意识到整个文化有可能在限制女性的是一位男性咨询师。若干年前，他在跟我聊天的过程中突然提了一句：其实女性的情绪化是最大的问题，你看嘛，都是女人来上心理课，女人来做咨询。当时我感觉很不舒服，但又说不出哪里不对。而我在自己工作的过程中，也并不觉得女性情绪化是个问题，很多时候女性所谓的情绪化是因为男性太隔离造成的。而女性来求助、来成长，本身就代表着女性更愿意为自己负责，当然也可能是因为女性更容易感觉自己不够好、需要成长的心理在作祟。相对应地，男性在自己的心理议题上会显得更回避，或者在文化认同下，他们认为这事不如赚钱更重要。久而久之，好像就显得我们女性更重感情、更依赖关系，好像我们活着的目的和质量完全取决于关系的好坏。

按照马斯洛的个人需求层次理论，我们每个人都有不同层次的心理需要，大致可以分为五层，其中对情感的需要在第三层，更高一级的需要是得到尊重，再往上一级是个人实现。很明显，对于后两层需要来说，女性也是十分渴望的，因为女性也想要自己有稳定的社会地位，自己的能力和成就得到社会的认可，能充分挖掘自己的潜力。但社会对我们的要求却常常停留在要顾好家，做好妻子、好妈妈，这无异于给女性头顶上封了一个天花板。

我们长期受到这样的理念洗脑，是不是就会把家里的一亩三分地看得特别重要呢？我们努力地平衡工作和家庭，用心料理家里的大事小事。当家里有什么情况出现时我们就变得很焦虑，这真的是因为女性更感性、更脆弱吗？真的是因为女性更依赖关系，更看重关系吗？

更可能是因为我们被这个社会告知，我们的天地就这么大，那这份天地对我来说极其重要，也就不足为奇了。

所以这就是我想跟你分享的第一点，当我们在亲密关系当中遇到障碍、有冲突时，最重要的是它令我们感到痛苦的时候，我们要想一下，我们觉得关系这么重要，有没有性别和社会给我们的限制所带来的影响。也就是，如果把这些东西都抛掉，我现在的关系还有问题吗？我能找到新的解决路径吗？如果这个关系真的很糟，我可以如释重负一般地潇洒离开吗？

比如，在很多地方，男人会觉得父亲带孩子很奇怪，于是夫妻俩可能会在谁来带孩子的问题上就有很多冲突。但妻子可能一边对丈夫的育儿缺席抱怨、不满，一边又一次次主动承担起更多的责任，甚至当孩子出现什么情况时，丈夫指责她没做好，她也会认同这种指责，觉得确实自己不是个好妈妈。而在有一些地方，夫妻俩可能默认在这点上就是要平均承担的，所以冲突自然就少了很多，妻子可以理直气壮地享受丈夫带娃的时刻，也可以放心地把属于丈夫的责任还给他，不过分干涉。

其实这是一个完全在认知层面就可以解决的问题。当我们带着批判性的眼光去看待社会文化教给我们的东西时，不去盲目认同，是不是就可以在更多情况下成为那个主动制定规则的人，在关系里面的冲突就会减少很多呢？

-亲密关系中的自我成长三阶段-

如果我们确实对亲密关系感到不满，甚至痛苦，我们可以怎样做呢？

首先请你务必知道，我们在关系里面是不可能改变另一方的，我们只有先让自己成长，才能给关系带来改变的可能。所以我建议你分两个步骤去成长，第一步就是做自我检查，自我成长。谁痛苦，谁改变，也就是谁感觉有问题，渴望成长，那么谁就要主动改变。第二步就是，当我们自己成长之后，往往就能带动对方成长，我们的关系也会发生改变。关系更像是一场双人舞，如果我学会了新的舞步，我就有可能成为一个出色的舞者，我也有可能去带领本不擅长跳舞的对方。

这也是为什么，这一章的标题叫作亲密关系三阶段，但其实本质上是亲密关系中自我成长的三个阶段。请你先有一个清醒的认识，就是要想让关系成长，就先要让自己成长。

好，接下来我们就把焦点放在第一步，也就是如何自我成长。请你回忆一下你的自我成长是从哪里开始的，对应我以下为你分享的，看有没有疏漏。

当然，也许有些朋友现在是单身，那这些方向依然是你可以去成长的，因为它能帮你为日后拥有更好的关系做好准备。

第一个阶段仍然是认知层面的，我们需要学习新的沟通和共情能力。

各位可以想想看，我们从小到大接受的教育里面，是不是缺少一门爱的教育？更确切地说是爱的能力的教育。我们要怎么跟我们的伴侣沟通，怎么共情对方的脆弱，怎么去呵护对方，没有一门社会性的学科教会我们这些，我们全靠自学。学谁呢？从我们的父母身上去学。但可惜的是，父母往往给我们的是错误的版本。于是，一代一代下来，我们抱怨我们的原生家庭没有给我们足够的爱，但我们仍然在重复他们的行为，因为我们不知道除了这个外还有什么别的选择。

所以，我们就要去学会通过沟通和共情，让我们的关系重生。当然，受益于心理学的普及，现在市面上有很多学习沟通和共情的课程和书籍，我们可以拿来好好学习。这就相当于一个认知的更新，我们原来不知道正确的版本是什么，现在可以去学习正确的版本，只要学好了，我们的关系就会改善。

但是在这里我必须提醒大家，小心落入一个陷阱。

你也许听到过有一个词叫情绪价值。它指的是一个人可以为别人带来的感受美好的能力，能引起别人正面情绪的能力。但有一次我跟学员讲到要学习沟通和共情时，学员说：老师我理解了，其实就是让我为男性提供情绪价值，这样我就可以得到我想要的东西。当时我非常震惊，情绪价值好像变成了一种交换的工具。

有时候我们容易把共情误解成对方想要什么样的感受，我们就给他什么样的感受。可是这样就很容易变成讨好对方。比如一味地心疼丈夫工作的辛苦，肯定他做了很多，但是相应地看不到自己的真实感受。想一想，为什么我们会这么做呢？是不是为了得到丈夫的好感，得到丈夫的一句"你变得好温柔，好通情达理"，或者是得到更现实的利益，比如想让丈夫多给点零花钱，或者买个名牌包包？

这种为了共情而共情，为了得到某种好处去共情，就失去了共情本身的意义。在女性心理学里，这是一种女利主义，利益的利。因为它其实是另一种不平等，是女性在用情绪价值去换取利益，这本身也是把女性自己放在了一个低一等的、从属于男性的位置上。想想看，是不是？

第二个阶段其实是与自尊和羞耻感相关的。

这听上去是我们所有女性的议题，那我就说些比较严重的例子。

我遇到过很多这样的女性朋友，无论是遭遇家暴或者是对方只是威胁性的一句话，她们本能地就进入了"绵羊模式"，完全无力反抗和反驳。明明自己是受害者，但是对方只要一指责这位女性，尤其是指出这位女性的一些弱点，这位女性就选择了臣服和投降，很熟悉吧？比如有女性朋友怀疑自己老公出轨，当她提出疑问的时候，老公就斥责她不上班赚钱一天到晚就知道瞎想。这一下子就击中了这位女性的自卑，好像被点了穴一样不再追问了。

这个手段在PUA（精神操控）当中是经常发生的。

其实事后，这些女性也都会后悔，为什么我不反抗呢？为什么不还嘴呢？他说的明明就不对。

亲爱的女性朋友们，如果你是这样的，你千万别指责自己。我们都是被大脑给限制了。之所以会这样，是因为我们在对方指责我们的第一时间，当他把威胁我们或者否定我们的话说出来的时候，我们的大脑自动陷入了认同对方的模式。这个瞬间其实是非常短的，我们来不及反应，大脑整个就懵了，我们的身体也冻住了，这就是我们既有的一系列反应，在我们的身体里反复了无数次之后，便成了一种习惯。

为什么会产生这样的情况？是因为一个人在成长的过程当中，如果环境就是不友好的，甚至有很多的否定指责、打压和贬损，她长期沉浸在这样的声音里，那么再强大的人，其潜意识里也会慢慢地形成认同，会觉得我确实像别人说的那么糟糕。如果这份指责、打压、贬损来自自己的父母，那更是灾难性的。就相当于他们的话语在你的头脑里面形成了最初的种子，之后无数遍的重复都像是在给那颗种子施肥和浇水。

看到没有，这又回到了自尊和羞耻感的议题。这样，自我成长、自我赋能就是当务之急了，关于自尊的修复也许是一生的话题，但如果你深陷一段被打压的关系中，那就请务必寻求咨询师的帮助了。

第三个阶段相对比较难，我们需要到我们的依恋关系里，去修复人格底层的创伤部分。

我经常会被学员问到一个问题，到底什么是爱？没有爱情的婚姻还能不能继续？你有类似的疑问吗？

当我们对关系感到失望的时候，就会拿一个标准来套自己的关系，来企求一个简单的答案。就好像：老师，你看，爱情最重要的是要有亲密、激情、承诺。而我现在似乎少了激情、少了亲密，我是不是就没有爱了？在现实生活当中，的确很多关系中其实并没有多少激情，也并没有足够的亲密，那是不是这个关系就要破裂呢？

好，我来问你，请问：到底什么是爱，你有答案吗？

回答这个问题的时候，我们不要被"爱"这个字给骗了。大家不妨这样想一想，当我在关系中有很多不满甚至挣扎，我去向对方索取爱的时候，我到底在问他要什么？我们在关系当中的大多数争吵，争吵的到底是什么？也就是说，我们最后想要问对方要的是什么？

当不断地追问自己这些问题的时候，你会有答案吗？是不是在所有的失望和痛苦背后，其实我们最终在心底里都在询问对方：我可以信任你吗？我可以依靠你吗？你会支持我吗？当我需要你、向你求助的时候，你会回应我吗？我对你来说重要吗？你珍惜我、接纳我吗？你需要我、依赖我吗？

其实这些，不都是我们想要从父母那里得到的吗？尤其是从母亲那里得到。所以，真正的爱，最底层的爱，就来自别人对我们情感的回应。而那种不被爱的感觉里，往往夹杂着我们还没有疗愈好的童年创伤。

那怎么知道自己有没有疗愈好创伤呢？有一个判断标准，就是你在生活中是不是有某些问题总是绕不过去，好像对某一类情景总是会生气。比如你总是对某人不能及时回复电话很生气，但其实他回复你的和回复别人的速度都差不多，也就是说，这个问题在别人那儿不是大问题，在你那儿就是问题。那可能你对于需要别人及时回应就有强烈的需要。

而这样的需要，一般来说都不是成年后的需要，也就是说，它来自我们小时候的恐惧。也许在你很小的时候，母亲经常不能及时准确地回应你的需要，造成你内在对于回应有特别的渴求。而一直未被满足的，就永远在期待。于是我们也会把它投射到成年后的人际关系、亲密关系里。这样，势必会让我们因为有这份强烈的需要而做出过激的行为，从而影响人际关系。

我们知道我们自己在这部分是有议题，是需要成长的。所以建议在这部分有议题的女性朋友们，比如完全无法离开任何一段关系的朋友，你可能需要更多的成长时间。而内在修复后，才可能作为一个独立的人来反思我到底是需要他这个人本身，还是我只是恐惧失去关系，无论这个人是谁。

以上就是亲密关系中自我成长的三个阶段。通过以上三个阶段，我们可以找到成长自己，并修复亲密关系的方向。如果我们只是把亲密关系当作一面镜子，那么把注意力聚焦在自己的成长上，我们也能因为自己的圆满而收获更满意的关系。

接下来，我们来一起了解要提升亲密关系该怎么增能赋权，也就是怎么给自己增加力量。无论你是身处亲密关系中还是处在单身状态，也无论你的亲密关系是很甜蜜幸福还是伤痕累累，增能赋权都是值得我们去重视和有意识成长的一个方面。

第九章
要提升亲密关系，该怎么增能赋权

接下来，我们专门站在女性主义心理学的视角上，来看看怎么解决亲密关系问题。

我们标题里有一个概念，叫作"增能赋权"，这是什么意思呢？大家应该还记得，我们前面聊到过，女性常常会被羞耻感、脆弱感、无力感束缚住，也会不自觉地认同社会给女性架起的天花板，从而把自己放在卑微的位置上，尤其在亲密关系里。所以，女性非常需要做的，就是增加自己的力量，敢为自己争取平等的权利。

我们会围绕这一点具体来探讨，希望能给你带来一个新鲜的视角，虽然可能并不是颠覆性的，但我相信会带来一些新的启发。

–女性主义心理学VS传统心理学–

首先，我们需要带上女性主义心理学的思想背景来重新审视我们自己和我们的关系。

之前提到过，传统心理学还是比较忽视社会情境对个体的压力的，是更多站在男性的视角上的，所以某些心理学的结论也有一定的父权制的味道存在。当然了，这么多年来世界上涌现出了越来越多出色的女性心理学家，她们的加入使得心理学的历史也在被重塑。

在心理咨询中，我们可以看到，传统的心理咨询在一定程度上对女性角色是有偏见的。当然这种偏见并不是说某一个咨询师或者心理咨询的领域对女性有偏见，而是说因为缺少了性别的视角，所以我们会无意识地承载、传承了社会对性别的偏见。

比如，如果我们的文化就是默认男主外女主内，女性呈现出阳刚之气就是不好的，那么在我们大文化背景下，我们的心理咨询也很容易受此影响。如果一个女性比较果断，比较有干劲儿，非常独立非常有野心，用我们的话说是个很典型的新时代女性，那么一个没有女性主义心理学思想的咨询师，可能会没办法真正站在她的角度帮她寻找自我价值感，没办法更客观地诠释她的夫妻关系、家庭关系，甚至可能会给这位女性贴上负面的标签。

虽然心理咨询师是要保持客观中立的，但是他们很难脱离大的社会环境，所以有可能这种客观中立性也就受到了影响，那助人其实就不够彻底。

而且在我们的心理咨询领域，有一部分男性咨询师虽然是咨询师，但是他们本身又是处于这样一个社会环境中，所以可能他们对女性也会无意识地投射一些社会教导他们的东西。这在心理咨询中是相当危险的，因为可能会出现方向偏差。当然，这里说的只是可能。

总体来说，缺乏女性主义心理学视角的传统心理咨询会有一些局限：

第一，有可能会忽视社会环境因素。传统心理咨询更强调的是移除痛苦，以及帮助来访者去适应现实，而不是去改变外部环境。

第二，可能存在难以意识到的性别偏见。比如心理咨询师可能潜意识中会认为健康的女性应该是温柔的、不张扬的、不爱冒险的、容易被影响的、感性的、对情绪更敏感的，这些会导致他们看待女性来访者不够客观。

第三，可能存在权利不平等。这包括两个部分：一个是如果咨询师的脑子里是男女权利的不平等，可能会影响个案的咨询效果；另一个是，如果咨询师和来访者是异性咨访关系，则性别不平等所带来的咨访关系不平等也有可能发生，可能就会给来访者带来伤害。

第四，目前已经有了对传统诊断和评估的质疑。传统心理咨询师对于心理健康的标准和他们对理想男性的描述是一致的，而他们关于典型精神病人的勾画却类似于理想型的女性。但现在人们发现，其实未必真的是这样。

而女性主义心理咨询和治疗的原则是：

第一，承认个人即政治，会看到社会情境在如何影响女性的个人心理问题。通过一位女性、一个家庭，我们会看到社会对她的影响。

第二，症状被看作是适应的应激技能。我们看到很多生活中的女性情绪很容易激动，可能在旁人看来这是她的症状，可能会觉得这女人有病。但如果带着女性主义心理学的关怀去看，可能会发现她是由于常年家庭责任分配不公而产生的愤怒和歇斯底里，也就是好好说话没用，她只能通过大吼大叫来表达。

第三，强调咨询师和来访者的平等关系。这可以让很多女性在治疗中不再受到父权制的影响。这就是我前面写到的部分，防止拥有男权思维的男性咨询师对女性来访者的权利的侵犯。

虽然各位也许不是心理咨询师,你可能目前也并不打算去做心理咨询,但是借此我想表达的是:我们在日常生活中,可以有意识地去觉察,社会文化对于我们的性别角色和自我认同究竟带来了哪些影响。希望阅读到这里的男性朋友和女性朋友们,以后都具备女性主义心理学这个视角。

-用女性主义心理学来处理亲密关系-

如果带上女性主义心理学的背景,我们遇到亲密关系中常见的问题时,该怎么处理?

来看一个夫妻冲突的案例。有一位女性来访者求助,说她的丈夫经常说一些难听的话,用语言攻击她,她觉得很生气很难过,但是她同时又感觉丈夫之所以跟她生气,也确实有一部分是她的原因,所以她又很困惑,不知道该怎么办。

这样的情况其实在咨询中很常见。一般来说,喜欢语言暴力,甚至擅长 PUA 另一半的人,其实他本身是不太会意识到自己存在的问题的,所以往往来求助的都是关系中弱势的那个人。

但这里好像有一个悖论,就是一个人只有善于反省,才会主动来寻求自己问题的解药。但这种反省常常会带来一个结果,就是发现自己身上有一些问题,发现这次两个人有矛盾其实也有我的责任,于是一次次强化内心的那个信念——我确实不够好。继而,又变得更喜欢自我反省。而正是这个"我不够好"的信念,决定了另一半更容易欺侮他(她)。

女性由于更善于内省,而且自身的羞耻感很容易被激发,所以常常会明知自己在关系里受到了伤害,却继续责怪自己,没有力量去解决问题。

用一些流行的心理学技巧，女性可能会去学习一些沟通方法，学习该怎么有效地"调教"另一半。但这其实就再次利用了女性"我不够好"的信念，因为它依然是把关系问题聚焦在女性的责任感上。从女性主义心理学视角，我们可能会更聚焦在这种语言攻击其实构成了一种虐待，因为它确实伤害到了对方。所以可能会鼓励这位女性思考其他的选择，比如要求丈夫为他自己的愤怒负责，不能迁怒于自己。

那这个个案的真实面貌是怎样的呢？其实是男方不工作，女方全力养家，然后男方对女方的能力有恐惧，也就是说他在潜意识里担心老婆会不会因为太有能力而离开他，所以在日常会有意无意地嘲讽和打击一下她。他的语言暴力，其实背后是他的自卑和恐惧，而并不见得是真的对老婆不满意。

就像前面说了，这位女性的信念是"我不够好"，所以每每被先生的话气到，她都会先从自己身上找原因，然后总是能找到一部分原因，于是在反驳先生的时候就多多少少底气不足。探究到最后，我们会发现她更深的信念是"女人不如男人"，因为她潜意识里会考虑对方比自己多，害怕自己说错什么让对方离开，或者让对方更加觉得自己不够好，所以才导致这个问题一直持续。

你发现了吗？所谓增能赋权，其实很多女性最需要加强的，就是敢于愤怒的能力。

我在咨询中发现，有很多女性都是不允许自己愤怒的。就像这位来访者，她完全可以用表达愤怒来坚定地捍卫自己的界限，但她不但不敢愤怒，反而会因为别人的愤怒而内疚。所以，她需要做的，就是为自己赋予愤怒的权利，允许自己在感到生气的时候，可以理直气壮地表达愤怒。

当然，理直气壮地表达愤怒，并不是说可以不管不顾地冲对方发脾气，它也需要一些技巧，也需要有方法地去表达。但是，比起去掌握这些表达技巧，更重要的，或者说很多女性首先要做到的，是尊重自己生气的感觉，能看到这件事中对方的责任，允许自己去提出自己的需要。很多女性会本末倒置，只想着要去学习有效的沟通方法，却看不到其实自己内心是脆弱无力的，在表达愤怒时是缺少底气的。

可能有些朋友会说，放到现实生活中，一时半会儿很难去真的做到。怎么办呢？那么我建议你把空椅子技术当作你改变的第一步。我相信很多朋友知道这个心理疗法，就是在你对面放一把空椅子，想象那个让你愤怒的人坐在椅子上，对着他去练习表达自己的愤怒。这个方法被广泛地应用，如果你有其他的人际关系或者情绪议题，也可以用这个方法。当然，你可以灵活变通，不一定非得是椅子，也可以是面对一个玩偶、一张照片等，都可以。不过，首先推荐放一把空椅子，因为这种方法经过验证是最有效的。

放好椅子后，找到你觉得舒服的位置坐下来，想象你平时想愤怒但又不敢愤怒的那个人就坐在这把椅子上，试着对他（她）把你的愤怒表达出来。当我们表达的次数多了，我们的大脑神经就能收到一个指令，在真实的场景中我们更容易做出我们想要的反应。你可以把这个过程想象为平时压抑愤怒的那个神经，现在被你疏通了，你会越来越有能量去把自己真实的感受和需要说出来。

增能赋权还有一个重点，就是要为自己的自我价值感增能赋权。女性之所以很多时候会选择容忍、会容易焦虑，根源就在于把自我价值感嫁接在了妻子、母亲等这些角色上面，而缺少了发自内心的自信。

再举个例子。有一位女性来访者，她自己的老公事业有成，孩子学业出众，看起来该有的都有了，但是她非常不快乐。如果我们用传统的视角，你会怎么看她这种情况，怎么帮她呢？

可能我们会有一个假设：你拥有一切却不快乐，那你一定有什么问题，让我们一起来探索这个问题吧。

女性主义心理学会关注你不快乐的原因是什么，你内心真正想要的，跟你的性别角色，比如妻子、女儿、妈妈，这之间有什么样的冲突。

在探索中我们发现，这位女性真正痛苦的是，别人介绍她都是×××太太、×××妈妈，仿佛她没有自己的名字似的。她发觉自己为家庭付出了很多，但渐渐地失去了自己，以至于被别人记住的都只是她的某一个身份，而不是她这个人，这存在感多弱啊。她内心渴望被看见、被肯定的需求越来越强烈，但她却不知道该怎么去获得。

而且很多女性还会进一步给自己束缚，就像她，在尝试去解决内心的不快乐时，会想：你看，大家都说，你的家庭多幸福，还有什么好烦恼的呢？想想是啊，我怎么还不知足？于是就停下了去获得自己需求的脚步，停下了去探索新生活方式的尝试，继续待在这些性别角色的刻板印象里。

在生活当中我们会发现，常常因为想当然的某种标签，而忽视了这个人本身。比如，如果我们遇到一位乐于助人的女性，她非常热心，而且温柔体贴，可能我们就会觉得"她肯定是个好妈妈"，或者"她将来一定会是个好妈妈"。但也许她是个丁克一族呢。所以实际情况往往是多样的，乐于助人是这个人本身的特质，跟性别本来就不相关。但是我们很容易把它跟性别角色联系起来，尤其是母亲这个角色。相应地，面对一位有担当、很果敢的男性，我们更多的感觉是"你很有领导力"，而不是"你肯定是个负责任的好爸爸"。

当我们没有被经常看见时，我们的自信、存在感、价值感，就会被不知不觉地削弱。

那么，我们怎么在这些方面为自己增能赋权呢？分享一个自信心训练法给你，这可能是我们在成长过程中一直都需要做的。

这个自信心训练法是心理学中认知行为流派的方法之一，它能帮助女性克服已经被自己内化了的那些关于性别限制的信念。也就是帮助女性战胜那些有害的"应该"和不理性的信念，抛掉性别角色的刻板印象，比如以下这些观点：

一个人应该被每一个人爱，贤妻良母就要把家人的需要放在自己需要的前面，女性需要一个强壮的人来依靠，女性不能控制自己的情绪……

你可以对照一下，看看这些观点你自己有吗？是一个还是全部都有？或者也可以列一列，你阅读到现在，觉察到自己有哪些自我限制的信念。

自我检查之后，我们正式开始自信心训练，它包括四个主要环节：

第一，学会把个人感觉当作有效地尊重自己的感受，不压抑、不利用。

第二，发展愉悦自己的能力，并且做一些自我愉悦的事情。

第三，确立并发展自己的优势。

第四，发展现实期望并且接受短处，意识到不一定非要完美或者是非要令人满意。

对感受的增能赋权，是女性主义心理咨询必须做的事。通过溯源，承认自己的某些感受，比如说内疚、愤怒等感受的正面价值，而不是对这个感受进行批判，相信自己的感受是对于一些实际事物真实的、独特的反应，也是在那个当下所做出的最有力保护自己的反应。

同时不断地问自己，我自己喜欢什么、想要什么、需要什么。在不断地承认自己感受的正面价值下，知道自己想要什么、需要什么，可能在关键的时刻，就能够表达出我自己内在的需要是什么了，这是一种连贯的力量。

我如果能够表达出自己需要什么，那么我就能够承认我自己所采取的行动是能够代表自己的，我是有资格提出请求的。

从而在这一连串的行为之后，就会有成功的正面反馈，而这一系列的正面反馈就会给自己带来"我自己是有能力的，我自己是有勇气的，我是有力量的"这种循环的正向感觉。

如果一个人经常对自己有正面的评价，那么他对别人也会倾向于经常发出积极的评价，同时也能意识到自己的局限在哪里，对于批评就能够保持平静，能够分辨出哪些是真实的，哪些是不客观的。

以上四点非常重要，要做到，需要时间和努力，但是请你先把它们牢牢记住，然后有意识地从现在开始去做。

希望以上内容可以从女性主义的视角让你重新审视亲密关系。也许并不能解决你实际生活当中的痛苦，毕竟我们信念的养成不是一天两天的事情，但如果今天这些女性主义理念的种子在你的心里种下了，那日后它自有发芽的机会。

第十章
透过女性友谊，如何促进心理发展

接下来要跟大家聊一个对女性来说特别重要的话题：女性友谊。为什么把女性友谊的内容放在第三部分里，即亲密关系板块呢？

当我们谈到女性友谊的时候，你是怎么看你的女性友谊的呢？你能想到什么词去形容女性之间的友谊？坦白讲，我第一个想到的是塑料姐妹花。当我有这样的念头的时候，我自己会有一些后怕。因为在我的人生当中，来自女性朋友给我的支持，对于我度过人生的一个个难关是如此重要。虽然我的男性朋友真的不少，但认真地比较来说，能让我深入地无话不谈的闺蜜基本还是女性。而且我相信不止我一个人是这样，对于我身边认识的人来说，女性友谊对她们都特别重要，甚至在一定程度上女性朋友们可以作为家人的补充。

这就是我感到后怕的地方，为什么女性友谊对我这么重要，然而当我想用一些主流的词汇去形容它的时候，竟然先想到了这么贬义的一个词。

接下来我们就来深入了解，女性友谊对女性来说究竟有着怎样的影响。

–女性之间的嫉妒–

如果你是位女性，不知道你的同性朋友多吗？你能无话不谈的好闺蜜有几个？你在自己很难过的时候，有充分信任甚至可以依靠的闺蜜吗？当你经历家庭变故的时候，会找闺蜜倾诉和寻求安慰；当经历人生迷茫的时候，会找闺蜜寻求建议，那么我想你已经体会到了闺蜜对女性来说有多么重要。女性友谊是家人、爱人、孩子都无法替代的一种关系。

但是从另一方面来说，关于女性友谊，就不得不提到一种情绪——嫉妒。你有没有发现，似乎不知从何时起，大家之间形成了一种共识，就是女人比男人爱嫉妒。好像都是女人们每天在攀比，谁的衣服好看，谁的老公有钱，谁的名牌包包多。如果遇到比自己强的，女人们就是一副吃不到葡萄说葡萄酸的样子。这种认知是从哪儿来的呢？真的是来自实际情况吗？

就像我前面跟大家说过的，社会文化对男女角色的定义是起着推波助澜的作用的。如果一个"90后"她出生后接触的都是宫斗剧这样的文化，那在她的心里会怎么定义女性友谊？恐怕她在心里会有这样的印象——女性之间没有真正的友谊，只有利益，所以要保持警惕。即便现实生活当中，女性友谊并没有给她带来这样的感觉。而我作为"70后"，我从小看到的文艺作品是截然相反的，我们看的是排球女将，所以在我心里的女性友谊是互相团结、分工合作、同仇敌忾。

女性之间总是充满了嫉妒和竞争，这样的理念是谁传递给你的？似乎是这个社会文化。即便有，那男性就没有嫉妒和竞争吗？

再进一步追问，这样的文化是如何形成的呢？你有答案吗？

我们可以随便展开联想。我们在生活当中看到的那些广告，尤其是服装、化妆品、医美等，它们都会传递出一个理念，就是一个女人必须从若干其他女人当中脱颖而出。你有没有发现，对身材的焦虑、对外貌的焦虑、对装扮的焦虑、对年龄的焦虑，等等，我们身边相关的这类信息，都是靠女人和女人之间的比较呈现在大家面前的。

其实这类信息都是在暗示我们，女人需要时刻保持女性的魅力，为什么呢？因为这样的女性才能得到异性的青睐，而得到异性的青睐，她才能大放异彩，才能收获幸福。我们会发现，男性的这类广告和信息，就少很多，男性的外貌焦虑、身材焦虑也远没有女性这么强烈。这都是文化规训的结果。

当我们谈到女性友谊，好像文化会告诉我们，女人就是天生爱嫉妒。但嫉妒，是爱而不得的意思。如果看到别人有，我也想要，而且我相信我也可以，那种情绪是羡慕，不是嫉妒。只有吃不到葡萄的时候觉得葡萄酸，才是嫉妒。所以这种情绪的背后其实暗含着一个信息：女性是第二位的，是从属的，需要向男人要资源，她们没办法自己去得到自己想要的东西。所以，女人才会那么在意要保持女性魅力。这跟宫斗剧中的思想是不是很像？

大家就看"嫉妒"这两个字也充满了恶意，因为都是女字旁的。但明明，嫉妒是人本身的天然情感，男人也会嫉妒啊。当一个人看到另外一个人比自己优秀的时候，他心里很可能会产生由羡慕到嫉妒，最终走向厌恶的过程，无论男女都会有。

-女性的自尊-

我们接下来就仔细看看，在嫉妒的背后有什么？

刚才我们提到了羡慕和嫉妒是不一样的。在中国人的语境文化下，羡慕是一个比较中性的词，甚至带有一些积极的情感。虽然这里面隐藏着我不如别人的心理，但是他（她）的优秀并不妨碍我的优秀，我会向他（她）直接表达我的羡慕，我们之间的关系可以拉近。我因为羡慕一个比我强的人而和他（她）在一起，会让我的自我感觉也不错。之所以会这样，根源在于我的自尊比较强，我不会因为他（她）好就轻易否定自己。

但是如果我的自尊不够强，那么我在羡慕别人的时候，就很容易同时产生某些不快乐的悲伤情绪，也可能会对自己的境遇和命运产生一些愤愤不平，也许还会在内心深处希望对方遇到什么意外而幸灾乐祸，哪怕这些念头只是一闪而过。当我们自我感觉非常不好，觉得自己处于绝对的劣势，并且相信跟别人相比我受到了不公平的待遇，而且我也不大可能追上别人的时候，那么我们的羡慕其实就是一种悲伤，这就是嫉妒。

所以，隐藏在嫉妒背后的，就是深深的低自尊，继而是由于不够自信而带来的恐惧，担心自己不够好，会失去别人的爱，失去想要的机会，失去想要的东西。

如果说羡慕是因为我觉得你拥有我没有的东西，但这并不会影响到我的自我价值，那么嫉妒这种情感的直接后果就是动摇了我们的自我价值感，使我们产生自我怀疑，而带来的结果就是自我价值感越消极，嫉妒就越猖狂。

-从女性友谊可以照见我们的心理发展阶段-

对女性友谊的渴望是我们的本能。之前的章节中跟大家说过，女性经历俄狄浦斯期的时候，需要走近父亲，离开母亲。在这个阶段，大多数女性努力把对母亲的爱一部分转移给男性，毕竟对父亲的爱只是早期对母亲的爱的一个补充，即使女性经历了产生对父亲的爱的阶段并对父亲着迷，甚至是随后对丈夫着迷，但是她们仍然在内心里保留、隐藏着对慈爱母亲深深的渴望。

相比来说，男性必须压抑自身的独立欲望，并在随后的岁月里能够得以满足，许多男性能在所爱之人的身上找到这种母性的照顾，而和妻子或女性伴侣建立的这种联系比起和母亲的关系来讲更令人满意。但是女性在男性身上却无法找到完全的满足，无论这份关系是否成功，她们依然不断滋养着自己对女性爱的那种莫名的渴望，直到找到同性的友谊。

女性友谊是我们作为女人认同慈母特质的一个必需的环节。可以这样说，如果一个女性在生活中没有女性朋友或者很少，那可以推测她跟母亲的关系也是非常大的议题。因为她从未走回到母亲身边，甚至潜意识仍然跟母亲为敌，以至于跟所有女性为敌。

在西方工作过和生活过的很多女性表示，在西方国家女性之间的友谊远远不如东方国家的女性友谊，无论你是在日本、韩国还是在中国，会感觉女性之间更团结。在西方国家，无论多么亲密的闺蜜，很少有人留下来过夜，在一张床上聊天到半夜。或者你出了什么事儿，我立马打笔巨款给你两肋插刀。因为东西方国家的文化是不一样的，相比之下，东方文化下的女性更团结，也可能是因为女性地位更弱一些，因为我们彼此都很弱，弱者要抱团才能生存，所以就造成了女性和女性之间的联结反而会更强。当然这个弱，一定程度上是外在的社会地位，还有一定程度上是我们内在的自我价值。

所以，对于一个女性，她能否拥有女性友谊，取决于她自己的心理发展阶段，是否顺利渡过了俄狄浦斯期，是否在成长过程中发展出了良好的自尊,这些都会影响她能否拥有珍贵的女性友谊。

我们来假设一位女性的成长史,如果她的母亲有重男轻女的思想,她并不愿意女儿回到对她的认同阶段,或者母亲本身自尊较低,对女儿霸占自己的老公有强烈的嫉妒,那女儿也许就一直卡滞在这个阶段。或者这个女孩所处的环境对女性身份有很多的贬低和否定,那她自然就无法发展出健康的自尊。因为她本身的自尊感很弱,她只能去遵从、去认同这套体系,去排挤其他和她同样低自尊的女性,才能够生存下去,那女性之间自然就陷入了内卷。

所以女性不是天生就嫉妒,天生就排挤同性。之所以产生这样的现象,文化起了很大的作用。

当女性从小就被鼓励将异性的爱作为获得幸福和认可的主要(唯一)方式的时候,就会忽略同性的交流与陪伴的重要性,并让这些女性朋友成了在男人面前互相争宠的对手。

我们女性朋友要自己意识到,要自己经常去觉察,当我对我的同性产生很强的嫉妒感时,是哪个部分在起作用?只有低自尊的人,才会嫉妒别人。

当然,嫉妒的对象也通常都是身边的人。因为按照人类的心理来说,我不可能去嫉妒跟我差距很大的人。那我们又为什么会嫉妒跟我们差不多的人呢?因为这些人会更让我们感到自己的低自尊。

嫉妒里面带着恨、带着恐惧,所以它产生的行为往往是具有破坏性的。那我们可以把这份嫉妒往后退一步,还原到羡慕,羡慕就是一个比较良性的情绪。

其实,被羡慕者因为自己才能出众也会对羡慕者有所愧疚,总觉得该为羡慕者做点什么来赎罪。女人如果对男人多些羡慕,可能现状就会比较好。

女性朋友们会发现，当你在成长的过程中自尊越来越强，你自己的嫉妒就会越来越少。你仍然会遇到很多超越你的优秀同性，但那只是羡慕，健康的羡慕。我们应该不断地创造新的生活情境，积极参与到新的关系中去，常常引起别人的兴趣，只有这样我们才能获得良好的自我价值感。

作为一种普遍的深层心理现象，我们也不能指望人们没有一点这样的嫉妒和羡慕的心理存在，无嫉妒并不是一种理想的状态，理想状态应该是容忍性的嫉妒，但不为其所控制，这样我们就能创造性地接受由嫉妒产生的不安。

其实女性之间的友谊才是真的友谊。相比之下，男性间的友情好像只是简单地凑在一块儿，并不像女性那样互诉衷肠，分享最私密的感受。而大众媒体总是在强调"女性凑在一起就是长舌妇"或者"年轻女性为了爱争风吃醋"，长久以来贬损了女性作为朋友的价值。然而，如果我们回看历史，其实不难发现女性友谊的丰富性和广阔性。无论中外，都有很多女性互帮互助的史学记载。

当然，越来越多的文艺作品已经重视起了女性友谊。从美剧《绝望主妇》《大小谎言》和日本作家角田光代《对岸的她》等作品中，我们也可以发现，婚姻不仅没有摧毁女性友谊，某些时刻反而成了友谊深入的前提——它把家庭背景、婚姻状况和性情迥异的女性们联结起来，帮助彼此渡过亲密关系中遭受的暴力，帮助彼此争夺孩子的抚养权，找到缺失的关爱和自我认同。

我们希望这些文艺作品不仅仅在国外出现。我们也深切地期待，有越来越多的倡导男女平等的导演们可以真正地意识到这个问题，更深刻和客观地诠释女性友谊的珍贵和它对我们女性成长的作用。

下面我们进入第四篇，探索女性的社会角色。

第四篇 女性社会角色探索篇

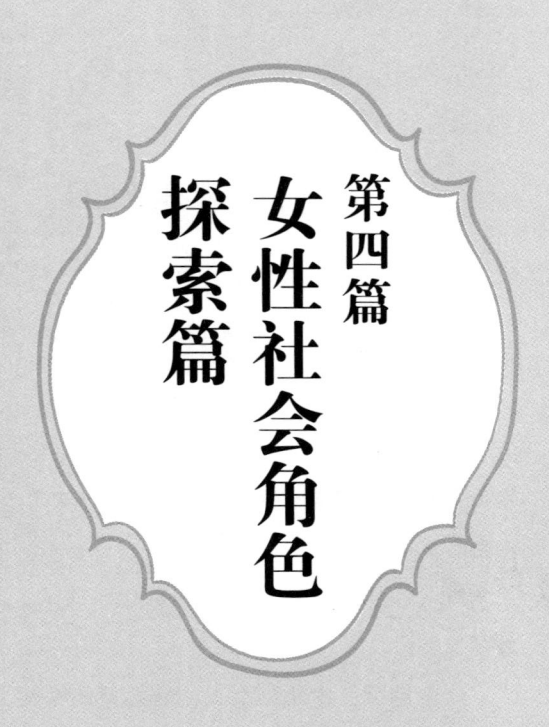

她和她们

妈妈的妈妈们

1993 年,姥姥已经不认识我了。

她对我而言,也很陌生。这是我有记忆起的第二次见面,上一次见面她还能笑意盈盈地举起我,这一次她放空的眼尾处已经布满沟壑。

"不认识你太正常了,她连我也不认识了。"姥姥身前的女人咧着嘴笑着说。

这个勤劳的中年妇女正褪着姥姥的裤腿,憋红了脸努力抻着。做我姥姥的儿媳妇已经二十多年了,大舅妈和村里的其他妇女一样,承担着家里繁重的农活,以及更劳累的照顾老人和养育儿女的职责。

虽然是自己的亲妈糊涂了,但大舅就在旁边土炕上坐着,一条腿架着右手胳膊,两手虽然空空,但并没有一丝一毫要帮忙的意思。

姥姥的腿上又生出两只手,虽然平日里看它们觉得粗糙无比,右手无名指的金戒指上的红线也已经油光发黑,但与大舅妈的那两只手放在一起,倒是细腻和白净了不少。

"你是春花啊?"姥姥顺着眼前的这双从城里来的妇人的手,将目光缓缓地停在了我母亲的脸上。

"唉!"这一声应承,是我从母亲喉咙里听到的少有的音高,这个字,是对被自己母亲认出来的欣喜;这个字,也有些骄傲的炫耀。

"你读书刚回来啊?今天学了点啥啊?"姥姥认真地望着母亲,不知道30年前是不是也是这样的眼神。

母亲眼里的骄傲瞬间暗淡了,自嘲地回应道:"娘,我都40多啦。早不让我读啦,你忘啦?"

"哦。咋不读了呢?"姥姥继续认真地追问。

那时的我并不理解,为什么姥姥会跳过妈妈年龄的回应而纠结在读书这件事上。直到成年后才知道,得了老年痴呆症的人就像困在时间循环里,她与主要关系人的主要事件也就成了她这个人的未尽事宜。

母亲没有接姥姥的话,但却被我惊讶的尖叫吓了一跳。

我指着被她们两个人联手褪去的姥姥的袜子,整个人定在原地,一堆问号塞在喉咙口。

母亲白了我一眼,可能是嫌弃我打破了她们母女的对话空间,嗔怪道:"大惊小怪的!"

让我尖叫的是眼前的这双老妇人的脚。

我的思维比我的视线反应虽然慢了几秒,但还是跟了上来。

我从没有见过真实世界的裹足的样子,在初中的历史书上,在博物馆的照片里,的确大概知道长什么样,但它裸露在外面的样子,对于一个十几岁的孩子,是足够惊呼的。

姥姥的脚白嫩得很,小时候刚满地跑的时候,被太姥姥按在椅子上，用一条白布绕了一圈又一圈。我的脾气像我妈，我妈的脾气像我姥姥，自然姥姥是少不了一顿挣扎的。逃脱几次之后，姥姥还是被降服了。姥姥以为裹上这条白布，工程就算结束了。但太姥姥把她抱上一张桌子以后，趁她不备，一把把她推到地上。姥姥当时就疼得哭昏了过去，再醒来时发现自己的足骨摔碎了，8个脚趾服服帖帖地被裹在了白布里，这一生都没有支棱起来的力气了。

但即便这样，姥姥的抗争也没有结束。她彻底解放了自己的双脚。虽然听上去这理所应当，但那代人里敢这么做的并不多，好像是习惯，也有人感到羞耻，宁愿它们被密不透风地保护着，既然从未被别人看过，那么这份贞洁也别半途而废了吧。

虽然解放了双脚，但刚开始对于姥姥来说反而增加了走路的难度，在每一次摇摆中，由于重心的变化，姥姥需要重新学习平衡。妈妈说有一回几个娃在池塘游泳，看见姥姥摇摇摆摆地经过，就故意在身后模仿她走路的样子，姥姥回头时，脚底一滑就滑进了池塘里。还好经过的人把姥姥捞了上来，否则从未下过水的她估计就麻烦了。那之后很长时间，姥姥再也没有出过门。

当妈妈告诉我这些的时候，我想当然地以为姥姥肯定是觉得太难堪了，羞得窝在家里。实际情况是姥姥在屋里一遍遍学习走路，还让我妈给她去院子里拿砖块，垒起了一道道独木桥，在搭建的桥上一次次重温和回顾她五岁前的平衡。

多年以后，我见到了我的奶奶，至少是在记忆中的第一次，也是此生的唯一一次。

那个暑假我回去见爷爷奶奶，虽然我们彼此都很陌生，但没几天也就熟悉了起来。奶奶仍然缠着足，但她极其灵活，一双黑色的小脚总在厨房和卧室之间穿梭。甚至我觉得她这样自始至终缠着，从一而终地守护着这个规矩反而对她是好的，至少在我的眼里，她的轻盈自在要远胜于我姥姥的摇摇摆摆。直到有一天，我的想法彻底改变了。

刚睡完午觉的我揉搓着双眼就进了隔壁的空房间，我要去那里取放凉的开水喝。结果刚打开门，一股腥臭味就硬生生扑面而来，霸道地侵占了我的鼻腔、我的脑壳、我的每一根发丝。激灵清醒的我，看见奶奶正在一层层揭她脚上的白布，一只脚已然被揭露完毕，赤裸着放在脚盆里。我不知道为什么，第一次看到姥姥的小脚时我还会惊叫，但是此刻我哑然无声。

那是一双已经看不出脚的样子的活化石，是的，与其说那是小脚，不如说是两块三角形的石头，散发着恶臭的石头。

我和奶奶都朝着对方尴尬地笑了笑，我退了出来。

在我成长的岁月里，偶然会听到母亲对着父亲抱怨奶奶，抱怨的内容无非是两代人的意见不同所导致的家长里短。

我以前莫名会站队奶奶，表达对母亲的想法和意见不够尊重老年人的不满。

但那次撞见奶奶洗脚后，不知道为什么，妈妈再次提起类似的事情，我不再多说一句。

妈妈的心魔

1983 年的上海。

我们全家在上海原本计划只是经停，但我却改变了全家的生活轨道，于是变成了定居。

这一年，我6岁。

我并没有做什么事，应该说我没有能力做什么事。我的世界里，还都是香烟牌子、橡皮筋、弹珠和之后回味几十年的天书奇谭。这些东西把我和院子里的来自五湖四海的小伙伴联结了起来。三五个孩子岁数都相差无几，毫无沟通障碍，肆意地挥霍着我们完全意识不到的此生最无忧的时光。

这一处房子是上海本地人的私宅，一家总有个1~2间房子空出来租给像我们这样的外地人，几户人家连在一起，便构成了房东们和房客们混居的场景。租金按月计算，即便这样，我仍然听说过，有的房东一觉醒来，发现房客卷铺盖走了，拖欠的房租也就黄了。但没隔几天，那间空房又会被人填满。当然，这些都是听爸妈在吃饭时候唠叨的，我还不太能理解这之间的变化。

但这样的时刻还是会让我有些期待，尤其是新搬来的租户里有孩子的话。并不仅仅是因为新面孔，新朋友。对于那么小的我，更多的兴奋是，新来的小伙伴得接受我们这些原本已经有牢固关系的孩子们的考验。考验的内容诸如：你看过哪些动画片，你有几张珍贵的香烟牌子，你橡皮筋能跳到多少高度。虽然回答的内容与这个小伙伴是否被团体接纳无关，但对于那些"起点"比较高的孩子，团体的核心位置自然而然就在之后被让了出来。

很神奇的是，那些答题不怎么占优势的孩子们也和他们的父母一样，来得快，离开得也快。

20世纪80年代的上海滩，是很多人梦中的花花世界，但并不是什么人都能留得下来。

小伙伴们陆续进入我的世界，也逐渐离开。只有我和一对兄妹成了资深的铁杆联盟，一遍遍地演绎着我们这个小组织的规矩。

直到有一天，饭桌上听妈妈说起，这个家庭也要离开了。

我瞪大眼睛不理解，友谊的小船就这样要驶离港口了。妈妈微笑地回应道："哥哥已经7岁啦，不能再拖了，要回他老家上学了。"

"为什么不在这里上？"我怒气冲冲。

"哈哈哈。"父母被我的表情逗乐了，显然无法跟我解释清楚，便不再搭理我。

我从第二天开始学习和面对人生第一次失去重要友谊的课程。

在送别他们兄妹后，我突然理解了什么，我问母亲："是不是我也会离开这里，离开上海？"

妈妈回答："是的。"

我说："不行，我不离开。我要待在上海。"

妈妈问我为什么？

我支吾了半天，答不上来。后来挣扎道："这里的电视收到的台多，而且好看。"

妈妈没再理我。

之后的故事，都是在长大的过程中听过无数次的。奇怪的是，小时候听这些故事，总觉得与我无关。但年纪越长，我自己的代入感越强，也会有更多的后怕。后怕自己也和那对兄妹一样，后怕自己的人生差点就与这座城市失之交臂。

有一段时间，爸妈经常外出，还托各种关系找门路，为的是可以让我在上海上学。

幼小的我并不理解，我和隔壁弄堂系着红领巾的孩子之间差的那张户口页是多么厚重。

  我最终上了一所还不错的小学,而一件事情将我的上学经历抹上了一丝传奇的色彩。

  那时候的上海并不像如今,外地来沪的孩子可以借读生的名义和上海本地的学生们坐在一个课堂里。简单来说,就是完全没有这个概念。我甚至到如今都在恍惚,我是不是在上海的第一个借读生,而我妈当年的义举为后来的无数外地学子打开了一扇大门。

  记忆中的事情是这样的:

  母亲辗转联系到这所学校的校长,见到校长后,快人快语地说明来意,果然又被拒绝。只是碍于情面,这位校长拒绝得委婉了些。母亲告诉我,她没读过什么书,再加上家里供不起女孩读书,于是自己对世界的理解就停留在了五年级的程度。她就仗着这五年级的认知,揣着明白装糊涂地表示听不懂校长的话。

  这位儒雅的校长倒也耐心,想来应该是真正的教育家,继续表示对我母亲的理解,但又表达对政策的无奈。

  我母亲似乎体会到了不一样的感觉,这位领导和其他学校的领导有些区别,虽然被拒绝是意料之中,但他的态度又让母亲闻到了一丝希望的气息。

  于是,母亲在接下来的半个月里经常光顾这位校长的办公室。现在想来,那个年代的人们还真是淳朴啊。换到现在,没有层层关系和关卡,怎么可能让你见到最高领导的面?

  最经典的一幕是,校长说要研究研究,就去了男厕所。我母亲怕校长溜了,就堵在男厕所门口等他出来,当时把这位校长吓得硬生生在厕所耗了半个多小时不敢出来。

不知道是不是母亲的执著打动了他，据说这位校长真的写信给教育局做了申请。

我母亲收到批复文件的那一刻，应该比十几年后收到我的高考录取通知书更激动。

在之后漫长的岁月里，我经历了人生中最痛苦的阶段。我严重偏科，一学习语文、英语就心神荡漾，但一遇到数学、物理就陷入僵局。

有一段时间母亲到外地工作，我的潜意识可能无法接受这样的分离，成绩在两年之内从班级中等落入年级后40名。在快要垫底时，母亲回到了我身边。接下来是每天的营养餐，饭后桂圆鸡蛋汤。她还从牙缝里省钱出来，给我买当时风靡的太阳神口服液。

等我渐渐成年，她会经常数落我"一点家务也不会做"。而当我放下书包，想为她做点家务时，又被她赶回到书桌旁，告诉我最重要的是读书，这样读书的时光不要浪费在做家务上。

在成长中有个画面记忆深刻：她干完一天的活，拿起《新民晚报》在温暖的灯光下一个字一个字地读，然后把不认识的字圈下来，问我忙不忙，能不能告诉她这个字念什么，是什么意思。

做了妈妈的我

30岁那年我结婚，然后生了女儿。

也许这个年纪生孩子放在全国的很多地方都算比较晚的。但从我的内心来说，那时的我并没有完全做好准备。现在回看30年的光阴，有一种严重的内心撕裂的感觉。研究生毕业的时候就已经25岁了，在职场摸爬滚打、没日没夜地工作，好不容易升到了管理岗位，突然发现自己怀孕了。

在和这个男人谈恋爱之前，陆陆续续也谈过两三段恋爱，有校园的青涩懵懂、小鹿乱撞；有钟情于成熟年长的前辈，抑郁萧瑟的苦恋；也有抬头间的一眼万年，又莫名地消失不见。每一段恋爱都是自己在与这个世界碰撞的过程当中去确认我是谁，我需要什么，我究竟要找什么样的人和我共度余生。

恋爱的过程是美好的，即便要经历撕扯的纠缠、深夜无声的痛哭，但它们都是恋爱这个完整经历中的一部分。美好的恋爱不应该只有朦胧的怦然心动、暧昧的眼神拉丝、和未告白前的惴惴不安。换句话说，恋爱之所以美好，也是因为那些虐恋的部分使之完整。少了这份完整，它就不够美好了。

我和老公是相亲认识的，这对于一向崇尚自由恋爱精神的我来说，是个意外。

当然，这个意外，也只是无数个意外的开端而已。

发现怀孕的时候，是我刚刚荣升经理没多久。这对于我来说是个不小的考验。虽然说我的工作更多的是在于技术管理，不需要我出门风风火火地跑业务，每个月只需要把那些数据、物料和人员管理得当、落实到位即可，但公司业务正盛，这个时候怀孕真是太没有眼力见了，哦不对，我得先结个婚。

静悄悄地领了证。接下来就一直盘算着，我怎么跟领导汇报我后续的一系列操作。

我的领导是一个成熟的中年男人，他在办公室里静静地听完我磕磕巴巴的表达之后，先是略有惊讶，他可能是惊讶于我这么速度就结了婚，或是惊讶于我马上要做妈妈，抑或是惊讶于自己一手培养起来的人突然就掉了链子。

之后他沉思了片刻,像一位老大哥,又像一位成熟的职场人士,一方面温暖地关心着我对这段婚姻的态度,与此同时,言语间也暗示着生育这件大事可能会对我的职场前景造成一定的影响。我向他发誓道:"我前后只耽误3~5个月。这点时间的冗余度,可以靠我之前的拼命努力来弥补。"

但是,我想得天真了。

事实上从孕吐开始,我就已经完全无法工作。除了在不吐的间隙积极电话联系、半躺在床上复核表格外,我把应该休息的时间也用在了工作上。换句话说,在我怀孕期间,我付出的努力是平时的两倍。但即便是这样,怀孕还是把我折腾惨了。九个多月的孕期,我只能有两三个月回到工作岗位。

于是我的工作被生生拖沓了下来。还没等老板说什么,我自己都觉得对不住公司了。我向老板提出来,能不能由别人来代理我这个经理职位,这样至少不会把工作拖延下来。于是,原来工作能力不如我的副经理,暂时拥有了我的职权。

好不容易顺利把女儿生了下来,我想这才是我人生的开始、真正上课的时候。

我相信任何一个女人在坐月子期间,多多少少都会有抑郁的情绪。那种无力、担心、焦虑、心碎,时不时地被这个小婴儿撩拨出来。但如果真休息好了,第二天又能阳光灿烂。所以在这段时间家人的支持就特别重要,但不幸的是,我没有享受到这份支持。

婆婆从外地来到了上海,是在她儿子的要求下来的。其实我已经将预期调得很低了,只想着她能给我搭把手,我困的时候接过孩子哄个觉。但生活习惯不一样，让我们在很多细微的事情上冲突不断。牙齿和舌头天天打架，我的不满也日益放在脸上，加上休息不好，又担心自己的工作马上会被别人取代，在种种压力下，我和婆婆的冲突爆发了。

我本以为婆婆只是比较土气，但没想到她硬生生地给我撂下一句话，这句话将我封印在了原地。

她说："你生了个女儿，也好意思这么横！"

我就这么愣在客厅，听到这句话半晌都回不过神来，身体的血液仿佛凝固住了。

婆婆自知这句话说得有点突然，讪讪地进了房间。

当天晚上爆发了我和我老公在一起后的第一次激烈争吵，其实这个争吵不仅仅是婆婆对我说的那句话给我带来的震撼，也在于这么久以来，我在婚姻关系中体会到的破灭。可能因为结婚的决定太过仓促，婚后才发现我对这个人其实并不了解。虽然他也非常优秀从外地考到了上海，但在生活的细节中能感觉到他是在隐忍自己迁就我。从那些迁就里，我能体会到被照顾，但又隐隐地不安，因为每一次迁就，仿佛都把他掰成另一个自己。

第二天，老公没跟我说话，一早送婆婆回去了。这种行为上的漠视，几乎是一种激烈的谴责和抗议。

执拗的我通过朋友介绍请了个住家阿姨，产后三个月，我决定重回职场。

可回到办公室才意识到，在我与婆婆厮杀的这两个月里，我那间靠窗的办公室已经有了新的主人。我这才突然反应过来，最近几个月抄送我的邮件少之又少，原来我的工作早已在对孩子的养育间悄悄地丢失了。

人力资源总监来找我聊天,接着站在一个女人的立场,给我一些职场的建议。我自知生孩子理亏。对这样的现状,虽然震惊,虽然毫无防备,但也只能忍气吞声地接受,谁让我生孩子耽误工作了呢。

那真是戏剧化的一天。

我从我新的工位上站起身,回到家。在老公洗澡的时候,看到了他手机收到的一条信息。

我这才知道,原来他已经出轨半年多了。

我发着抖把手机放回了原处。

没吃晚饭,说自己刚上班不适应太累了,便把孩子带到小房间去睡了。

我一夜闭着眼睛,但没有睡。

我不知道为什么现在重新回忆那个夜晚,我并没有那么多的伤心,而是跳过了伤心,直接想解决方案。是的,我现在的人生需要一个解决方案。我的人生就是这样,一个解决方案连着一个解决方案,早已经没有空隙让自己伤心。

在我内心兵荒马乱、但外在不动声色的情况下,过了一个礼拜,我抑制不住自己又去查看了他的微信。在打开他手机的前一刻,我脑中幻想的是,也许他只是一时冲动,他并没有投入任何感情,也许他已经追悔莫及。

但还是天真了,让我更难以接受的是,这是他中学时的女同学,也就是说他和她认识的时间比我们俩久多了。

一阵恐慌席卷而来,那个瞬间我耳畔响起了母亲的声音:你看你是不是学习方法不对，怎么努力都赶不上小红呢？

我不想再这样坐以待毙了，我不能失去老公。我要找对的学习方法。有一瞬间我甚至觉得，我可以拿自己人生的所有去换。

去换什么呢？去换回老公，还是去打败小红？我也不知道。

复工后的我，可能在别人眼里像变了个人。以前那个风风火火、勤勤恳恳、十二分敬业的我不见了。上班几乎是踩着点进办公室，到点也绝不加班。我想大家都以为我是新妈妈，所以给了我很多宽容吧，但只有我自己心里知道，那些时间我都去干吗了。就连真正应该是上班的时间，我的效率也比之前低了一半。

省出来的时间，你们知道我干什么去了吗？我去学习了心理学。

严格来说我是参加了一个工作坊。工作坊里有好几对夫妻。让我相当震撼的是，在他们的互动当中，我看到了一些我和我先生之间的问题。在这个工作坊里，男人有出轨的、有家暴的、有欠着高额赌债的。但当一对对夫妻做个案的时候，我分明又看到了夫妻间的情感是如何流动的，似乎在这样的家庭当中，妻子也都有一个共性，按照工作坊的老师所解读的，女人都太要强了。

因为女人太强势，男人才在这个家庭当中感觉到越来越不被需要，越来越没有存在感。

当我意识到这一点的时候，我感觉非常悲哀。这不就是我原生家庭的情况吗？我完全复制了我母亲的样子，我的老公被我越推越远，推到了另外一个女人的怀里。我又再一次重复了母亲的故事。

不知道为什么，那一刻我突然非常厌恶自己是她的女儿。

在那期工作坊里，我表达了对这件事情深刻的理解，老师和同学们纷纷安慰我，师姐也鼓励我，因为他们曾经也和我一样，但是如果女人肯放下自己的强势，回归自己对丈夫无条件地接纳和容忍，同时深刻地理解和疼爱他，那么自己的丈夫就不需要再去找别人了。

接下来的日子，我跟着这个老师学了很多技巧，我也跟他预约了很多次咨询。

在他的帮助下，我学会了一点点去重建我和我先生的关系。破冰性的夜晚是在我跟先生聊到，我在婆媳关系当中处理得不妥当和没有为他在当中左右为难的境遇考虑时，我看到我先生的眼里闪现了一种光，他有些将信将疑地看着我。他有所松动之后，我就慢慢地跟他表达在我们的关系中我所做的不妥当的事情。

现在回过头来看，那也类似于一份检讨了。

在那个当下，我检讨得非常诚恳。的确，我三十多年一直以一个姿态成长，我并没有看到自己的盲区，也并没有太多地看到两性关系当中一个女人应该呈现的柔软部分，更没有意识到那些所谓的强对于另一半所造成的影响。

我先学会了示弱，接着我学会了共情，再接下来，我和他聊得越来越多，从单位里的事到他现实的人际关系，最后聊到他的原生家庭。我们越聊越通透，越聊越畅快。当然，所有的聊天都是围绕着解决他的烦恼、他的不开心来展开的。

数月后的晚上，为了检验自己努力的效果，我打开了他的手机，发现那个女同学已不在通讯录里了。

接下来健身，将自己的身体状态恢复到产前的样子，主动邀请他的父母来到上海，并且我自己花了5万块钱送他们出国旅游，主动提出为他弟弟支付部分购房首付。

老师以及和我们一起成长的同学们都一直在默默地鼓励我、肯定我。我终于打败了隔壁的小红，我终于足够努力，去赢回了属于我的东西。

我重新拥有了体贴的老公，看上去稳定的家庭，那些差点与我失之交臂的关系，我重新把他们拉回到我的身边。

我辞了职，我跟我的领导说，我不喜欢这份技术管理的工作，我喜欢人，我要去重新学习心理学，我要重新开始我的人生。

笑容又重新回到我的脸上，家里充盈着开心的声音。

但我并不真的开心。

你的身后站着无数女性

在我所接触的来访者里，有一个叫小雪的女孩，给我印象非常深刻。她曾经是拥有几百万粉丝的网红，但一夜之间，她的努力被打回原形。每次与她一起咨询的当晚，我都会做梦。

梦的内容非常丰富，有时候我清清楚楚地感觉到自己是小雪；有时候小雪的母亲又会对我说一些话，那些话就像我妈妈对我说的。而无论是什么样的人物、什么样的场景，将那些梦一个个去分析，都会指向一个共同的主题，就是真实地面对自己。

在那一串梦境后，我意识到，可能我自己真正的革命才刚刚开始。

基于之前和老公已经恢复了关系，在我自认为安全的前提下，我渐渐地尝试真实地表达情绪。我尝试着在自己想说"不"的时候不再顺从地点头，也试图提出自己的建议和不同的想法。

我能明显地感觉到，他有些不适应，甚至是小小的不舒服。而当我意识到这一点的时候，我又会习惯性地回到原来理解他的角度，将真实的自己再次掩盖起来。这样的轮回让我很挫败，因为正式从事咨询师的工作后，让我理解了一点：在不尊重自己感受的前提下的努力都是徒劳的。

这份不真实将我彻底割裂。现在回头想想，其实我的抑郁并非源于生产，可能更多的是来自我对真实自己的不允许。为了自救，我也必须改变。慢慢地，我仍然坚持表达自己的感受，表达自己真实的需要。而迎接我这份真实表达的，是我先生越来越明显的不耐烦。

我渐渐发现了一个真相：我的先生所需要的或者所喜爱的，是那个"不能真实做自己"的我。

这不能全怪他，当年他被我吸引，也是因为我并没有做真实的自己。而当我在婚姻当中越来越因为自己的脆弱和无力而感到烦躁和无奈的时候，其实那个瞬间我是在做自己，但他显然接受不了，他无法接纳这个脆弱的我。于是他渐渐地离开了我。

而当我又学习了一堆知识，把自己改造成一个看上去很"女人"的我时，其实我只是在用另一种方式做不真实的自己。

似乎早年很用力地犯错，但之后又很用力地改错。而这世间所有用力得到的东西，都不曾真正地属于自己。

在得到这样的一个洞见和领悟之后，当然会再一次陷入现实的无力感。究竟什么样的方法才是对的,就变成了在无数个深夜里追问自己的问题。

而那个答案,也是小雪启发我的。

如果我在任何时候都不能看到自己内在真实的脆弱,也不接纳自己真实的脆弱,那我也无法真正地接受和得到真实地疼惜我的人。

奇怪的是想明白了这个点之后,我就瞬间不执著于我和我先生的关系了。因为我非常清楚地了解到,为什么我不敢去呈现真实的自己,因为自己真实的脆弱,在小的时候并没有被妈妈接受过。

所以对于我来说,最重要的问题在于我能否去真正有勇气接受自己的脆弱,从而真实地做自己。

作为心理咨询师,我也深刻地知道:所有的亲密关系,甚至是外在所有的关系都无非是我们和父亲、和母亲关系的重复。如果我可以去源头改变这样的一个关系体验,我的那份脆弱就可以被弥补,我也就可以越来越多地敢呈现真实的自己了。

而与母亲的真实碰撞,本就是由无数次受挫的体验带来的,本能性的,我不敢挑战。

这是一段非常焦灼的时光。

打破它的,是我的一位叫瑞妈的来访者。

那天下午,她坐在咨询室里,在安静的空气中,悠悠地说了一句:"如果可以的话,我好想去问问我的妈妈,如果她能给我一个解释,如果她告诉我她的苦衷,我的这份想拯救他人的执著可能就放下了。可惜,她五年前就离开了,我连一个解释也没有得到。"

瑞妈陷入了深深的悲伤。她不知道的是,这份悲伤却给了她的咨询师莫大的勇气。

我找到一个机会回到母亲身边，把我的婚姻从开始到现在所经历的过程详述了一遍，只是在开始前，我跟她约定：无论我说了什么，你都不要打断我，等我说完。

她做到了，更令我惊讶的是，在我详述完一段沉默后，她吐出来的第一句话竟然是："对不起。"

在我的惊讶之中，妈妈缓缓地开始讲述她自己的人生。

在那样的讲述中，我才理解妈妈所谓的那些强，所谓的那些对我脆弱的不允许，背后背负的又是一些什么样的力量。其实这些年她已然有一些改变，但是我对她的互动仍然停留在小时候的自己的状态。

现在回头想想，小时候的那个妈妈不就是现在的我的年龄吗？除去妈妈这样的一个身份，她也在她自己的世界里挣扎、痛苦，而那时候的她可能就只能重复那些苦痛，而没有办法得到任何资源的支持。

在漫长的岁月里，母女俩只会让彼此看到对方为自己做的事的结果，但其实并没有机会去了解，除去母亲和女儿这样的身份外，对方作为一个女人所承担和经历的超负荷重量。

如果将这些重量从我们的身上卸去，我们都是这个世界上彼此最重要的人。

母亲并没有对我的婚姻做任何评判和建议，她只是朴素地跟我说了一句话："努力地活着，不是为别人，应该为自己。"

与母亲的那次长谈后，有一些变化在我的心里发生。

我学会在任何一个当下遵从自己内心的声音，因为我知道我自己是可以被人支持的。所以不仅仅是在该吃饭的时候吃饭，该休息的时候休息，我也学会了在委屈的时候表达自己的愤怒和伤心，在孩子每一次追问爸爸去哪儿的时候,我也实话实说,并不编造谎言去欺骗她。

但这并不代表我会消极地对待我的婚姻。因为我在真实地跟我的先生分享我内在的情感、领悟和成长的痛苦。我也真诚地告诉他,一切的缘起都来自我知道他背叛我的那件事。当我将这些真实的内容和我真实的想法和盘托出之后,他似乎也松了一口气。

我不知道未来我和他之间的关系会如何,我们是否还有可能共同到白头,或者是发现彼此的真实以后,感觉这是一场误会,然后一别两宽,各生欢喜。

对于未来,我不想做任何预设。我只知道当下我的每一分每一秒,都在认真地、诚实地做自己。

因为我的背后,站着我的母亲和无数的母亲们。她们努力而来的结果,是我可以将真诚落实到每一次选择中。

第十一章
女性的社会压力，如何限制了我们

至此，我们已经进入了女性的社会角色探索的篇章。我想你已经越来越充分地认识到了女性是怎么被这个社会教化着，接受了社会悄悄压在女性身上的种种标准。那些我们在生活当中习以为常的对女性的认识，其实很大一部分都是社会对女性的角色安排，而不是女性本来如此或本该如此。

接下来我要跟你具体聊一下，我们现在的社会对女性的态度究竟是如何影响我们女性的自我认知的。之所以要重复这个点，是因为我们要想真正摆脱潜意识中的自我束缚，就必须反复让自己接触新的观点，反复提醒自己去清醒地觉察。就像打扫庭院，不是扫了一下庭院就会焕然一新的，哪怕刚扫完的时候觉得：哇！很不一样！

当然，我们不是简单地重复。下面我们主要从四个方面来深入探索：女性的自我认同、性骚扰、家庭暴力和性别平等。

-女性的自我认同-

我想你已经非常同意，男女并没有本质的区别，只有个体的差异。而我们女性究竟被如何对待，就会慢慢地变成了我们女性的自我认同。当你符合社会的要求，你就觉得自己很棒；当你不符合，你就觉得自己很糟糕。你会不断地用社会的标准打量自己，喜欢或者讨厌自己，但可能你并不会觉得，其实是这个标准本来就不合理。

就拿性别角色的刻板印象来说，其实男女都是性别刻板印象的受害者。在产房里，新出生的婴儿，如果是女孩就配上粉红色的袜子，如果是男孩就配上蓝色的袜子。而当这个孩子渐渐长大，如果是女孩，我们就会给她塞一个芭比娃娃，是男孩我们就会给他塞个奥特曼或者是变形金刚。如果一个男孩子穿上粉色的袜子或者他手里抱了一个芭比娃娃，那我们可以想得到他在成长过程当中会被纠正多少次，甚至可能还会受到一些羞辱。放在女孩身上也是一样的。

还记得在我读小学的时候，我们班有一个女孩子因为头上长虱子，就把长头发剪成短头发了。就因为这个，一下课她就被男同学围着，说她是假小子，女同学也孤立了她。

现在回想起来，其实对于男孩子女孩子该是什么样子，在我们很小的时候就被教育了。就好像到了夏天，女孩子都在期待着穿裙子，但如果某一个女孩子没有穿裙子，其他女孩子就会觉得很奇怪。而如果一个男孩子想试试穿裙子什么感觉，那大家也会觉得他心理有问题吧？

但是，并没有某一本教科书或者某一条法律规定，男孩子和女孩子究竟应该是什么样子。而且我们想想看，那么多年过去了，是不是很多我们小时候以为的不可以，现在很多变成了可以，甚至还成为一种时尚呢？社会在不断地发展变化，标准也不是恒定的。当我们个人意识觉醒的时候，我们会逐渐意识到，很多规定也只是符合在某个时间段的期待而已。

关于性别角色的刻板印象，还有很多。

当我描述一个人睿智、果敢、精明能干，被身边的人一致认为是一个有领导能力的人时，一定有人会再追问你一句，这是男人还是女人？我想八成的回答是男人吧。但我告诉你，我说的这个人，是希拉里。

然而当我们这样表达时，会有新的声音出现：哦，你说的是"女强人"。就如同一直以来形容女博士的梗，好像都是独立于男女两性之外的第三性一样。

所以，希望你既然学习了这门课，那么可以在以后的生活中，当有一些类似的下意识的判断或者反应的时候，停一下，问自己：真的只能这样吗？这里面有没有我的性别刻板印象？这个觉察可以帮你打开视野和转换思维方式，去更客观地看待自己和评价别人。

也许我们身处这样的一个大时代，我们真的不能做什么，但我们至少可以选择不做什么。我们可以选择保持警醒，不被社会文化洗脑。当我们看到满世界的商业媒体上有很多强化性魅力或者定义什么是好女人的宣传时，我们自己要留一个心眼，在一定程度上这背后的推动力是资本、是利益——它告诉你，你这样做才是一个好女人，你这样做才会有性魅力，男人才会喜欢你。这背后无非是父权资本主义的消费观在为资本牟利。当然站在资本的角度这无可厚非，但我们广大女性要保持一种觉察和警惕，为什么要由别人来告诉我，我怎样才是好的？为什么我自己的开心需要以讨好别人为代价？

–性骚扰–

我们再来看看性骚扰的问题。

不知道你有没有被性骚扰或者疑似性骚扰的经历？或者你有听到过身边的人被性骚扰的问题困扰吗？我相信每位女性在成长的过程当中，或多或少都经历过性骚扰，当然这种骚扰不局限在肢体上，可能更多的是言语上的骚扰。

　　到底什么是性骚扰呢？我们通常是相当能忍耐的，明明感觉到不舒服了，但也会想，也许对方不是故意的？也许是自己误会了？或者，我直接指出来会不会太丢人了？会不会有危险？于是，我们对于很多性骚扰，会选择睁只眼闭只眼，认为那可能算不上性骚扰。

　　但其实，只要我们感到了别人对我们造成性方面的骚扰，都是性骚扰。比如，夏天的时候挤公交、挤地铁，遇到咸猪手；同事老板开荤段子，不顾你的感受，你又躲不开。这些是不是我们女性的生存环境？

　　女性其实可以选择离开那个场景，或者直接反击回去。但通常，因为长期处在这样的环境里面，女性内在会有很多的退让，会选择默默忍耐。似乎只要对方不侵犯我们的身体边界，我们对性骚扰就相对宽容很多。

　　但是，女性真的需要去重视性骚扰的问题。因为这不仅关系到自身安全，也是在尊重自己的感受、自己的人格、自己的性别。想想看，当你选择沉默的时候，你的内心独白是什么？这里面是不是就隐含着女性的羞耻感、脆弱感、无力感？那么究竟怎么冲破性别束缚？

　　首先就是要从对自己的尊重开始。只有尊重了自己，才能教会别人来尊重你。如果在公共场合，请尽可能用手机拍下证据，并第一时间大声呵斥以及寻求身边人的帮助。记住两点：第一是声音要响亮，给加害人造成压力；第二是拉住身边最近的某个人帮助你，尤其是看上去比较有力量的人，无论男性还是女性。如果在职场你遇到了性骚扰，包括身体上的占便宜以及言语的挑逗戏谑，也要第一时间大声警告、重申边界。如果当时因太过害怕暂时反应不过来，也可以在反应过来后去警告对方。当然，如果是严重的性侵，自然是要报警来解决。

在我写这章内容的时候，就发生了一件很有意思的事情。作为一名狗狗的主人，我也有狗狗社交群。我在群里问大家："奇怪耶，我们家的狗狗，摸它哪里都可以，但是一摸到它腰的部分，它就会觉得很受不了。你们知道这是什么情况吗？"

这本是一个很平常的问题，对不对？随即我就收到了一位男性群友回答的一句话："就像男人摸你屁股一样啊。"

当时我看到这句话，一下子就噎住了。我一直看着那条信息，整整过去了半分钟。我在觉察自己心里的感觉，我当时心里很明显的感觉是：第一时间很愤怒，但是接下来又觉得都是平时聊得蛮好的群友，没必要撕破脸。再接下来，我就开始了对自己的指责：我自己还是一个心理学老师，我竟然可以允许别人这样对我，我竟然不敢在这样的公众场合去表达自己的界限。

于是我就回复了一句："请你以后举例用别的例子，这样的例子一点都不好笑。"然后立马就收到了这位男性的回复："真是对不起，平时习惯了，抱歉抱歉。"

我相信言语性的骚扰，对于我们每位女性来说太习以为常了，以至于像我这样，平时还是挺有勇气的人，竟然在经历这样的事情时,也是犹豫再三才去表达界限,表达自己的感受。想想我们成长的过程当中,是忍受了多少这样有意无意的对性别的恶意啊。

在保护女性人身安全免受性骚扰的问题上,社会也一直在前进。比如很多城市的地铁设有女性专座车厢。但说实话,这样的一个进步其实也暗含着不平等。如果某位女性上了其他非女性专座的车厢,是不是受到骚扰就活该了呢?就像我们有三八妇女节,一直在倡导保护女性、爱护女性,其实这本身也可能暗含着一种不平等。

所以,在这里也向亲爱的读者们提出一个更高的要求,你们也可以去观察和反思身边这些暗含性别不平等的现象,尝试着发出自己的声音。因为社会的进步,就是要靠我们每个人都付出一点努力。

我们最新的人口调查数据显示,男性人口数量比女性人口数量多了整整 3000 万。这个数字多么惊人啊。我们看到这个数字会有种隐忧,以后得有多少男人打光棍啊,未来女性的人身安全环境会不会更恶劣? 所以,不光我们要敢于抵制性骚扰,勇敢地保护自己,也要教育我们的女儿有这个意识。

-家庭暴力-

从女性的社会压力来说,可以跟性骚扰并驾齐驱的,就是家庭暴力了。

据《中国妇女的状况白皮书》显示,中国每年离婚案件中有 1/4 是因为各种形式的家庭暴力。此外,根据近年来各级妇联信访接待的投诉,家庭暴力问题占总数的 30%,其中家庭暴力事件中 96% 以上的受害者为女性。根据联合国毒品和犯罪问题办公室

2018年的报道：2017年，世界上共有8.7万名女性因毒品和犯罪问题而丧生，其中半数以上死于她们最亲近的人之手，大约3万人死于她们的丈夫或男友，约2万人死于其他家庭成员。而在我国，据全国妇联的调查统计，每7.4秒就有一位女性遭遇家庭暴力。这是多么骇人听闻的数字。

这里我想从两个方面来分析：一方面是我们通常说的家庭暴力，就是发生了肢体冲突；另一方面是隐蔽的家庭暴力，比如语言上的打压、冷落等冷暴力。

先来看第一个方面。从社会层面来说，我们2016年施行了反家庭暴力法，如果受害人在第一时间遭遇了家庭暴力，只要报警，警察就必须出警，必须按照反家暴法的程序保护当事人，按受害者的要求，可以起诉暴力者。但据我所知，在实际操作的层面上，仍然延续着2016年之前的做法。当受害者报警，警察出警后，很多时候警察还只是做批评教育工作。而且很多受害人出于恐惧，不敢进一步要求得到保护。甚至我也经常看到新闻上说，家暴其实很难办，因为感觉这是家务事，今天打了或许明天这两口子就和好了。

这里面有个非常严重的误区：家暴伤害的是身体权，而身体权是每个人生而为人的基本权利，这本身就不是家务事。虽然社会的进步需要社会和法制层面的推进，但是如果我们女性朋友在面对恐吓、威胁甚至身体侵害的时候选择沉默的话，最终受害的只有自己。当发生家暴的时候，最重要的就是第一时间报警。你的这个行为就可以杜绝对方在之后的生活中对你的侵害，永远不要在这个问题上有圣母心，否则你只会把自己害得越来越惨。

再来说说那些非常隐蔽的家庭暴力。不知道你有没有经历过这样的情况——当你去跟另一半提出自己的需求的时候，对方不能满足你的需求，但是他不是直接拒绝你，而是用隔离冷淡、长期漠视你的方式来拒绝你。没错，我说的就是冷暴力。

我不知道你有没有经历过冷暴力的情况。我们人是情感动物，夫妻和家庭成员之间是靠情感联结的。当我们有情感需要的时候，家庭是我们最后的堡垒。所以在家庭当中，如果将情感切断，用这种冷暴力的方式来达到施暴者的目的，对任何人来说身心都是极受摧残的，无论他面对的是另一半还是自己的父母或者子女。

你在遭遇冷暴力的时候是如何处理的？身陷冷暴力是非常痛苦的，尤其对于情感需求比较强烈的一些女性朋友，冷暴力所带来的恐慌可能是致命的。

而施暴者之所以能够一而再再而三地成功使用这个方法，也是因为我们内在对情感的需求被对方死死拿捏住了。所以只有自己成长，不将过多的情感需求投注在这样的对象身上，同时建立多种情感资源的支持系统，比如闺蜜和朋友等，才有力量和底气对冷暴力的实施者说不。

这里，也许你发现了一个关键词：情感资源支持系统。没错。当我们不断完善自己、促进自己成长的时候，真的不要忘记我们女性是一个集体，是一个整体。只有我们共同努力，让沉默不再发生，对骚扰说不，才能越来越强地捍卫我们的边界，去真真正正地争取我们的利益。

-性别平等-

最后我想说，性别平等这件事情，并不只是对女性的不平等，对于男性来说也是一样的。

性别歧视是一种文化现象。在上海我经常看到男人带孩子、男人做家务、男人推着婴儿车、男人在接送孩子。也许这样的情景放到其他城市，这些男性就要被歧视或笑话。同样，我们看到有一些发达国家，男性虽然浑身充满了肌肉，但是他们也会在家带孩子，在小区里推着婴儿车，并没有人会指责他们，说他们娘娘腔，或者是缺乏男性气质。如果顾家是女性的气质，那对男性也是不公平的。我们对男性的刻板印象，对男性也不公平，为什么一定要有肌肉的男人才是真男人呢？这本身对男性也充满了歧视。那具有进攻性、敢于拥抱变化、敢于创新，就只是属于男性的特质吗？并不是。因为我身边的女性朋友大多也符合这个特质。

同样，对女性性别气质的过度理想化也是一种不平等。在非洲某些国家贪腐现象特别严重，有些学者就提出是因为掌权者是男性，但当某些国家有了女性掌权者之后，调查结果发现贪腐现象同样严重。并不是女人就更圣洁，女人就更廉洁。这是制度的问题，这是人的问题，与性别没有关系。

以上这些可以说是显而易见的不平等。接下来我们再来看一下，那些在社会当中隐形的、看不见的不平等。

不知道大家会不会有这样一个意识，就是我们会发现在很多领域里，通常达到专家级别的人好像都是男性。原因除了我们说到的女性受教育机会多少存在着不平等外，我在这里想要讲一个可能被忽略的现象：某些专业或者职业本身就对男性更友好。这怎么来理解呢？

我们的很多工作是参照男性的身体结构作为标准的。比如我们看到的男性钢琴家会比女性钢琴家多很多，世界排名前十的钢琴家有九位是男性，只有一位女性。我们自然可能就会认为男性比女性更有天赋，甚至男性比女性更努力，但其实并不是因为女性没有天赋，也不是女性不够努力，原因恰恰是钢琴琴键的键距本身就更适合男性的手指条件，而不适合女性的手指条件。因为我们女性的手明显要比男性的小很多，所以在这样一个先天的局限下，女性很难在钢琴上施展自己的才华。

不仅仅是钢琴，在我们的日常生活当中还有一件东西能够体现这一点。很多人都用苹果手机，现在苹果手机的界面也是越做越大，那到什么程度它不再继续大下去了呢？以一个男性单手能够握住苹果手机的最大值尺寸为参考。

但也许对于很多女孩子来说，这样的尺寸早就需要两只手握苹果手机了。

我们日常生活当中有很多产品，它的设计是以男性为标准的，它忽视了女性和男性在身体上、生理上的种种差异，更不要说很多细节了。我们会看到很多工作服，都是男性化设计，根本就没有依据女性的身体条件而设计，一旦女性穿了这样的工作服工作，在某些特殊情况下，她的身体可能就会因为没有被工作服很好地保护而暴露在危险之中。

尽管在社会上，各个行业中都有我们女性的身影，但是很多时候又像是不存在一样。很多女性的状态、女性和男性的差异、女性的需求是被隐形的，是不被看见的。大家也可以思考一下，在你的生活当中，有哪些你以前不曾留意到的小细节，这些小细节是如何展现了当今社会中男女不平等的。

大家想想，在称呼称谓上是不是也有类似的问题？对于男性来说，无论这个男性的岁数多大，他有什么样的社会地位，一个男性总想着要被社会认可，也就是他是一个独立的人，他会用他的职业、他的收入、他的社会地位去定义他自己。但是对于很多女性来说，是如何定义的？往往是在一个家庭结构当中，在她与别人的关系当中去定义她的身份。

一个男性结了婚，即便有了小孩，但他是谁谁的爸爸，只是他的第二个身份。他是谁谁的先生也是次要的，第一身份仍然是他自己。当然我们也会形容一些女性，无论是男友还是老公，是某某某的男朋友或者某某某的先生，但是这必然是这个女性已经爬到了这个社会金字塔的顶端，她才能获得这样的待遇，也就是说你必须不断地攀爬，你才是你自己。大多数女性可能还没有机会走到这样一个阶段，在她们进入一段关系之后，在进入社会之后，其实很多时候是用她们的家庭身份去定义自己的。

我相信在这一点上，大家这几年都有非常强烈的感受，就是我们会有一个单独的群体，也就是这几年新出来的一个称呼，这个称呼就叫"宝妈"。想想，几年前这个词并没有。现在又是一个什么样的情况，为什么会有这样的一群人？

很多女性可能是因为要生孩子，甚至生二胎三胎的原因，就放弃了工作留在家里，她在放弃工作、放弃自己社会身份的同时，也放弃了她自己，但我并不认为她应该这样做，或者她这样做错了。我只是觉得，这个称呼在很多时候会让这样的一些女性有一些迷惑。因为当别人都这样叫你，而你也这样认同的时候，你可能就已经把自己给弄丢了。

对于女性来说，似乎这么多年我们也已经习惯了，女性似乎不需要一个独立的身份，她的身份总是在她和其他人的关系当中去寻找、去定义的，就像我说的一个小女孩出生了以后，你先塞给她的是一个洋娃娃，你告诉她你要去照顾这个洋娃娃，这就是你的使命，从你一出生开始，你就已经被定义成这样的人了。

这不就是隐形的、看不见的不公平吗？

我在心理咨询当中会发现很多由于女性不被允许发声或者禁止发声产生的问题。最普遍的一个现象，就是一个家庭孩子出问题，这个家庭的女主人很霸道，这个家庭的男主人相对比较温顺。多多少少我们会认为，这位女主人需要调整一下她自己的问题：女人你要温柔啊，你温柔了，这个男性才能更多地承担，男人也不会逃避，这是我们很容易有的自然想法。

但是我们要看到，当一个女性所呈现出来的这种所谓的强势霸道的背后，是非常强烈的对她自己话语权的不确定感。因为她不确定，所以她要强势，这就变成了当女性对自己的声音是不是有分量，是不是可以影响他人，甚至是不是正确都会自我怀疑的时候，这个人就会呈现这种补偿性的挑剔、补偿性的抠细节、补偿性的固执。

如果一个家庭当中有母子冲突，一个妈妈遇到了一个青春期的孩子，青春期孩子各种不听话，不爱惜自己的身体，拼命打游戏，然后晚上不睡觉又厌学，不好好吃饭，天天吃垃圾食品，这是很多青春期孩子妈妈的烦恼。于是这个妈妈因为很在意孩子，就跟孩子有了很多冲突，然后就变成了妈妈去啰唆这些非常琐碎的事情，最后演变成了母子之间的冲突。

想想看，这背后还有一些什么隐情呢？在一定程度上，这个母亲她在社会层面上实际是没有权利的，她是不被人看见的，她说的话是没人听的，所以她就会补偿性地、焦虑地去在意孩子有没有听我的，他能不能够按照我的要求去做。这种情况下，因为父亲在他的社会层面上有所获得，他有他自己的小圈子可以去影响，他不需要在他的小家庭当中，在他的孩子这里去争夺控制权，结果是在一个家庭中，爸爸显得好像很佛系、很宽容，妈妈显得很焦虑、很紧张。

从这个角度我们就能够去理解一位母亲、理解一个家庭背后的系统动力，是如何被这个文化、被这个社会所影响的。一个人如果能够在社会层面获得自己的影响力，她就不会那么在意自己的孩子是否去执行自己的意志，因为她不会完全把孩子视为自己独立的财产。因为只有没有财产、没有独立的人才会这样。

所以我们看到，当女性的声音在社会层面被消声的时候，实际上就会造成对整个关系的扰动，使我们一个个小家庭的细胞结构都不稳固。

路漫漫其修远兮。我们离真正的平等自由还有很长的一段路要走，在这条路上，只有更多的女性越来越独立，只有在独立的资本上，我们才能够去追求自由，我们也才能有追求自由的意识。

接下来，让我们继续来探索，女性可以做些什么，增加自己在这个社会中的分量。

第十二章
独立而不感到孤独，该如何做到

提到社会角色，我想请你画一张图，来看看你的角色分配到底是怎样的。如果你方便找到纸笔，建议你拿过来动手画，这样更加直观。如果实在不方便，你也可以在脑海里用心去勾画。

我们知道，每个人身处这个社会中，都有着很多种身份。请你想一想，你都有哪些身份？如果用五个词来代表对你来说最重要的五个身份，它们是什么？你可以稍稍停一下，去想这个问题。如果有纸笔的话，你可以先写出任何你想到的，然后再来排出前五名。

现在请你画一个圆，把这五个身份放进去做成一个饼状图。每个身份在你生命中占多大比例？可以根据你每天花多少时间在这上面、你有多么不能承受失去它等来判断。如果你很难排序，也可以回忆一下，刚才第一时间出现在你脑子里的是个什么身份？那很可能就是你心底里认为最重要的。

我之前跟很多女性朋友做过这个游戏，她们中的大部分人脱口而出的是：我是个妈妈，是个妻子。而未婚的女性朋友们，排在第一位的有很多是：我是个女儿。不知道你的答案是怎么样的，但是我相信，你在婚姻和家庭中的角色，在你心里肯定排前两位。

所以，说到探索社会角色，我们还是要谈我们在家庭中的角色这个部分。今天我们就来看看，女性夹在家庭和社会之间，有着什么样的状态，该怎么去找到让自己舒服的位置。

-女性的独立阻碍重重-

虽然说追求独立，但是女性的独立存在很多阻碍，我们常常会陷入左右为难之中。

比如，在家庭有需要的时候，放弃事业仿佛变成了女人的义务。生孩子本就是夫妻两个人的事，但是要不要辞职带孩子永远都是女人的事。甚至在一些家庭当中，女人必须生出男孩，这仍然是女人的义务。

独立对于我们女性来说之所以难，并不是因为我们懒，也并不是因为我们没有能力，而是因为社会要求我们要把家庭放在第一位，自己的需要理所当然地要为婚姻和家庭让步，自己的发展也理所当然地要让位于家人。

所以，我们现代女性的困境就是，一方面我们要经济独立、精神独立，另一方面我们又要继续服务于以男性为主导的家庭，这样的前后夹击就让我们陷入了困境。独立和亲密，似乎变成了不可调和的一对矛盾。

长期以来，人们都把女人的命运和婚姻联系在一起，人们认为当我们追求独立，就难以兼顾婚姻家庭的幸福，而再成功的女性如果没有一个幸福的婚姻家庭，就会被认为是一个不幸福的女人；而当我们追求为家庭付出时，就一定程度上要放弃我们向往的一些东西，我们又会感到失落、不甘心，找不到自身的价值，同时也会面临着因为丧失经济地位导致的家族地位的不平等。

不知道你有没有读过《致橡树》这首诗，它就描述了一种既亲密又独立的伴侣关系——我们两个各自独立，但同时向着同一个方向共同成长。这是多么美好的关系啊！我不会为了做个好女儿、好妻子、好妈妈而过度牺牲、过度让步，也不会为了追求自己想要的而我行我素，不考虑家人的感受。当我给自己独立为人的机会时，我不带有任何愧疚，当我为在意的人用心付出时，我才能充分享受这段关系。

当然，关于独立和亲密的比例，完全可以取决于个人。你可以60% 独立，40% 亲密，当然也可以反过来。只要你感觉达到了内心的平衡和舒服就好。

但是不得不承认，在我们的社会当中，不敢独立的女性仍然大有人在。

这里又免不了要提到我们从小接受的教育。似乎女性从很小开始就在为将来能"嫁个好人家"做准备了。即便现在有一种说法是"女孩要富养"，但其本质也是在说：只有女孩在物质上足够的丰裕，她才不会随便被人用一颗棒棒糖就骗走。与此相反，还说男孩要穷养，物质上不要给他太多的享受，要给他足够多的挫折，这样才能让他承担起大事。听上去好像挺有道理，但想想看，这背后是不是体现出了一种很明显的女性从属于男性的思想？

其实真正的富养是指精神层面的爱。如果父母给够孩子关注和支持，并给他们适度的要求和挫折，无论男孩女孩，他们都会有一个健全的人格。他们在长大后就不会拖累别人，会成为对社会有用的人，能找到自己的价值，也有能力经营幸福的家庭。在这一点上并不分男女。

如果父母只是以物质富养的态度养育女儿，那背后传递的无非是想让你嫁得更好,这不叫富养,这叫交换。本质上依然在向女儿传递一个信息:女人是要依靠男人的。那我们想想看,以此为出发点的人生会好吗?在她的思维模式里面,可能就是:我自己不需要独自面对风雨,因为我可以拉一个男人挡在前面;同时,我自己的需要也要排在对方的需要之后。一面享受轻松,一面也不能抱怨,这样的思想白白扼杀了女性的才能和成长空间。

所以,我邀请你来想一想,你是属于敢去独立的人,还是会在不甘中一而再再而三做出妥协的人呢?你目前的各种角色,达到你想要的平衡了吗?你想要的平衡,大概是怎样的比例?这个问题很重要,不着急回答,请你认真去思考。

-依恋类型对于独立的影响-

当我们女性意识觉醒后要注意避免一个误区:好像只要一个女性有所依赖,她就不独立,就会有问题。

这样的独立不是独立,而是孤立。真正的独立,是建立在安全的依恋关系上,我和你在一起可以有效地依赖,而离开你,我依然可以活得很好。

这里我想用心理学上非常重要的依恋理论带你去分析,看看你自己属于哪种情况。

总体来说,一个人在儿童时跟母亲的互动方式会形成一定的关系模式,我们成年后会在亲密关系中沿用这个模式,也就是用同样的互动方式对待我们的伴侣。这种关系模式,我们叫依恋类型。如果一个人在早年的关系里没有体会到安全感,那他(她)在亲密关系里也会因为安全感不足,而难以发展出恰到好处的独立。

依恋理论提出了成人有三种不安全依恋的类型,分别是痴迷型、回避型、混乱型。混乱型是前两种类型的综合，时而表现为痴迷型，时而表现为回避型，所以我们重点看看前两种类型。

痴迷型依恋会表现出独立性很差的样子。这样的人，可能在亲密关系中会表现出高度的警惕性和怀疑性。如果伴侣没有及时接电话，他（她）可能就催生出了夺命连环 call，同时对伴侣的忠诚和人际交往都会密切监控。这是很多伴侣都感觉无法忍受的部分。

这样的痴迷型依恋，往往是因为在童年时期，他（她）的养育对象从没有给过稳定的和预期中的回应，所以他（她）会担心随时可能失去这个他（她）依恋的人。比如一个女性生在一个重男轻女的家庭，可能很多次她的需要都是被忽视或者驳回的，她就会拼尽力气去争取让父母看到她、给她肯定。这样的人长大后，就会在关系中变得很容易焦虑，好像要牢牢黏住对方才放心。

其实我们可以看到，在每个痴迷型依恋的人的心底深处，都有一个不够好的自己。因为他（她）觉得自己不够好，自我价值感低，所以才会那么担心对方可能抛弃他（她）。尤其当伴侣对自己的热情下降、回应不充分的时候，他（她）的恐惧、愤怒和羞耻感，都会被唤起，他（她）就会采取一系列对对方的控制，来确认对方不会离开他（她）。所以，痴迷型依恋的人要独立，首先要做的就是肯定自己的价值，并且培养自己有更高的价值感。

我们可以设想一位痴迷型依恋的全职太太，从情感关系到经济能力，她可能都渴望自己能更独立，对吗？那她在追求独立的过程中有哪些阻碍呢？

一方面，似乎因为不工作，她就需要把所有的家务责任、教育孩子的责任全部担在自己身上。同时，因为外界会有一种普遍的看法，就是不为家里挣钱的人做这些事情就是理所当然，而且是没多大价值的。尽管有很多女性不认同，但也会被这种观念影响，因此削弱了自己的价值感。

另一方面，她又在情感上非常渴望另一半的关注，因为忙完家务和孩子已经很累了，而且因此也牺牲掉了跟这个社会更多的链接，所以就会变本加厉地渴望先生能看到自己的付出，肯定自己的付出，可能因为先生没及时回复微信就会引起内心的风起云涌。

她一方面认为自己没有价值，另一方面又对情感有无尽的索取，这就很容易导致她越来越依赖伴侣。更可怕的是，伴侣很可能会因为她的过度依赖产生厌烦而远离，而这样的远离又会让她更想依赖他。

要解决这些阻碍，这位全职太太要从意识上"安装"一个新的理念：我先要重新审视自己的价值。我身处上海，我们这里钟点工的平均工资是40元一小时，如果这样来计算的话，一位全职太太在家，就意味着也为家里赚了钱。

所以，无论别人怎么说，你需要先自己认可自己做的是非常有价值的事情，这份价值并不低于先生上班挣钱。如果你认为家务和育儿就应该是两人共同承担，那么你可以理直气壮地要求伴侣参与。如果你自己都认为你在家里带孩子做家务本身是没有价值的，那你也很难要求自己的先生下班以后与你一起分担。

其实在这些议题上，男性更应该参与，因为这些都在体现着这个家需要你。如果所有事情都可以由妻子来搞定，那久而久之男人自然就不愿意回家了。同样，如果一位男性不愿意去与太太分担，那当他自己在脆弱和无力的时候，又怎么可以要求自己的太太来体恤自己呢？

即便你是全职太太，我也不建议你全职做家务带孩子，除非你自己乐在其中。

谁不想多点时间去创造属于自己独特的价值呢？所以，你可以适当地把家务外包，把时间和精力放在其他的事情上面，比如学技能、练瑜伽，不是只有在职场才能增加自己的竞争力。

当我们能够充分肯定自己的价值，继而愿意付出更多的努力去不断积累、提升自己的时候，坚持的时间久了你就会发觉，慢慢地自己在情感和经济上可以独立了。

无论你是不是全职太太，你也许都发现了，痴迷型依恋对情感的需要往往是超越关系本身可以承载的范畴的，也就是向伴侣压倒性的索取。其实这对他也不公平，我们应该把这份需要收回，更多放在自我价值的建立上，通过不断地寻找成就感，去填补自己的情感空洞。

跟痴迷型依恋相对应的，就是看上去完全孤立的回避型依恋。

回避型依恋的人看上去很独立，但其实可能是一种孤立。他们好像并不需要太多的情感关系，可以自给自足，仿佛一个人可以过得很好。或者这个人虽然在一段亲密关系当中，但他（她）的情感是关闭的。

对于一个回避型依恋的人来说，他（她）本身可以调配的情感资源就很有限。他（她）好像总是需要独处的空间，所以会经常把跟别人的距离拉远，不喜欢沟通；也可能是虽然人跟你在一起了，但是没有实质性的情感交流。所以在回避型依恋的体验里面，他（她）既渴求关系，因为总是需要"充电"的；但亲近以后，又抗拒关系，因为电稍微一满，他（她）就受不了了。尤其是当关系出现问题，需要费心力去解决的时候，他（她）的回避就表现得特别明显，他（她）甚至希望以不沟通的方式让矛盾自然化解。这一切都是为了不再调取本来就比较虚空的情感资源。

观察一下你身边，是不是有这样的人呢？这样的一种独立，并不代表真正的独立，其实更多体现为一种孤立。

不过这里有一个很微妙的地方是，一个人如果不跟别人产生更多的关系仍然活得很好，那他（她）就腾出了更多的精力和空间去成就他（她）的事业，所以回避型依恋的人一般事业都有所成就，也就是说他（她）的经济独立不成问题。所以我们可以看到，一个回避型依恋的人，他（她）大概率比痴迷型依恋的人具有更强的独立能力，因为他（她）有高度的自我依赖。

如果你发觉自己很可能是回避型依恋的人，那么你首先要正视自己内在的情感需要，慢慢地发展出跟人建立关系的能力。如果对你来说调配情感是件很消耗能量的事，你可以循序渐进地来做，不必着急。因为没有人可以孤独地活在世界上，我们都需要学习发展一种有效的依赖能力。

讲到这里我们可以看到，无论男人和女人，都可能是痴迷型依恋，也都可能是回避型依恋，这跟性别无关。所以，我们在自我成长中，也要用这样的视角去审视自己。女性如果想要成为完整的、有意义的、有价值的人，就必须先把自己当"人"，先拥有人的全部能力。同样作为人，我们也有各自的人格缺陷，都需要成长。

亲密，但不依赖。

独立，但不孤立。

这就是我心中的现代女性最好的样子。

-平衡独立和关系的需要-

在现实生活中，如果我的事业和家庭发生冲突，也就是当我的独立意识和亲密关系的需要发生冲突的时候，我该怎么办？我想给你三个维度去检视自己。

第一，你在做决定的时候，是不是还带着性别角色的限制？

只有你抛去那些社会给你贴的标签、给你做的规定，也就是抛去男女性别角色，回归到人的需要上，一切才有讨论的价值。还记得那句话吗？只有人与人的差别，没有男人与女人的差别。

聪明、能干、强壮、会赚钱、有管理能力、志存高远、豁达大方……都是好品质，值得为它们而努力。贤惠、奉献、迁就、宽容、任劳任怨，这些不对男人作要求的品质，如果你不喜欢，也可以抛弃。

当你把目光从男女角色的区别，移到人和人之间的差异上时，你就有力量去争取曾经不敢争取的职位，也有底气去放弃自己拥有却不热爱的职业。你定义自己的出发点，完全是以你这个独一无二的生命去定义的，而没有男女的这张皮。

第二，用刚才讲的依恋类型来检视自己，看看自己要怎么进行人格的成长。

在哪个部分有欠缺，就去哪个部分找解决方案，成长自己。在不断完善人格的过程当中，我们也就找回了自己的自尊。

第三，经济独立永远是精神独立的前提。

这句话我想你会深深地认同。无论你在什么阶段，做什么选择，经济独立了才能有底气。

如果你渴望自由便选择独居，如果渴望安全便选择婚姻，在这两者之间，又存在着很多种既能带来安全又能带来自由的选择，但无论哪个选择，都遵循着那个最基础的原则：经济基础决定上层建筑。

我期待更多的女性朋友在未来的生活中能够保持觉醒，能够反思固有的女性角色对你的影响。这样的女人身上会有一个共同的特征，那就是一直在努力做自己的主人。即便年华老去、婚姻不顺，甚至职业生涯不再光辉，仍然不妨碍她有一个快乐和自由的灵魂。这才是我们生而为人的意义。

对独立的追求和对亲密的需要，是需要我们每一个人去努力平衡的。

第十三章
没有千人一面的女性，每个你都是独特的

不知不觉我们已经来到了本书的尾声，我想带着你一起来做一个回顾，梳理和盘点这本书中重点表达的内容。

-女性的成长路程-

我们先是深深地体察到，女性是由这个社会养成的，她会在不知不觉中认同很多社会给女性设定的标准。这些标准本身无所谓好与坏、对与错，但问题在于我们常常会盲目地遵从，而不去思考这些标准是不是足够合理，不去理会自己真正想要的是什么，从而用性别枷锁牢牢地束缚住自己，只看到一条道路，主动砍断了更多的可能性。当我们能对此有所意识时，也许很多的压抑、不甘、气恼，都能找到答案和出口。

当然，对于此，不同年龄段的女性可能会有不一样的感受。由于我接触的女性的样本量足够多，所以总能在不同的女性身上看到她们分属于不同时代的烙印。每个人都有各自的悲欢离合和各自的心理议题，也都有各自所面临的困境。下面的内容，你可以拿来对照一下你身边的女性，或许能帮你更好地去理解她们。

60后、70后女性朋友们的整个成长阶段基本上还是以追求物质满足为首要任务的。在那个年代，人们的生活水平相差无几，也

就是说大家基本处于同一条起跑线上。所以,你想获得很好的物质,只有靠艰苦努力奋斗,对于男人和女人都是一样的。因此,在从小受到的教育中,女性都是颇有力量感的存在。这份力量一方面让我们认识到女性要自立自强,但同时也让我们过度认同了这份自强,而让自己非常辛苦。

看一看你身边60后、70后女性,是不是这样的?这些年代的女性朋友身上总有一些共性:忍辱负重的力量特别强。所以我们60后、70后女性朋友要解决的,就是外强中干的问题。

80后的朋友们,有和70后相似的文化背景,但是比70后陷入更多的物质焦虑,因为80后的人一出生就已经身处改革开放的浪潮中,也就是说一出生就加入了一场场你追我赶的赛跑,房价和育儿焦虑是一直以来伴随这个年代的朋友们最大的压力。而更难的是,他们的父母在成长的过程中经历了重要的时代创伤,所以代际传递了一些生存焦虑以及无法做自己的焦虑。以上是无论男女都会经历的,但80后女性朋友的内在还是传统女性刻板印象的标准,比如要贤良淑德。于是在面对应接不暇的经济压力时,往往要求自己既要符合传统形象,又要在事业上独当一面。

所以80后的女性朋友给我的感觉往往是腹背受敌,一方面深陷各种焦虑,另一方面要拼命成长自己,才能抵抗这些焦虑。

90后的朋友们,看似比60后、70后、80后有着更自主的空间,对做自己这个话题更有选择权,他们的物质生活也相对富足。但我所接待的来访者里,90后的人并不在少数。有相当一批90后是中国的第一批留守儿童,也就是在他们的成长过程中,由于城市经济建设重心的转移,有一大批90后的父母涌入一二线城市去打工，而疏于与孩子的情感交流。所以很多 90 后的孩子看上去很独立，但其实很多时候是一种伪独立。他们的内在依然需要爱和关怀，只是在成长的过程中一直得不到，索性也就不要了。在成年后的亲密关系中又再次唤起了那份渴望，然而又缺乏与人相处的能力，从而在亲密关系中遇到种种问题。

即使不是留守儿童，大多数 60 后父母们因忙于生计而忽略了与 90 后们进行情感交流，所以在我的观察里 90 后们看似独立，实则不会爱的现象很多。而其中的女性朋友们又是看着一些你争我夺的文艺作品长大，令内心有更多的恐慌感。为什么我们说现在经济发展了，精神反而落后了呢？我想，现在是一个需要全民来反思的时刻了，在追求高速发展的过程中，我们忽略了太多。而时代的一粒灰尘，落在我们任何一个人身上都是一座山。

在之前的内容中，我们仔细剖析了女性的心理发展路径。总的来说，从心理发展周期的角度来看，女性会比男性更复杂和曲折。

比如在 3~6 岁，我们随着性意识的启蒙，进入了俄狄浦斯期，这时候我们很可能就卡在了恋父情结里。而且要顺利渡过这个时期，我们才能发展出自己的女性气质。而最终我们放弃恋父，回到对母亲的认同，我们也才能发展出自己的母性特质。

包括在这之后的青春期，是一个人在成长的过程中建立自尊最关键的时期。而由于我们的传统教育和性羞耻的文化，可能我们面临月经初潮和性发育的时候，不但无法让我们建立自尊，反而让我们产生了更深的羞耻感。

男女本无区别，至少在 3 岁之前，女孩和男孩没有太大的区别。我们不断控制我们的身体去学习、去成长、去探索我们的外部世界，而遇到的挫折很多时候来自我们的家庭文化、我们的整个社会环境，尤其是我们整个社会对男女性别角色的刻板印象。

而一个阶段的认知落下了，就可能引起下一个阶段的心理任务无法顺利完成。长年累月积淀下来，再加上女性还要肩负着抚育后代的责任，我们可能都没有时间去对自己修修补补，就已经被拔苗助长成为一位母亲了。然后我们又将创伤代际传递了下去。

当然，作为成年人回头再看的时候，我们可能会有遗憾，但同时我们要能认识到：我们都是本自具足的，也没有女人天生低男人一等的说法，那些对性别的污名所造成的影响，可能是时候在我们这一代停止了。

-女性的平等赋权需要每位女性来争取-

那么，作为成年女性，知道了整个社会文化对我们成长的影响，我们能做什么呢？

前面我们聊过了和父母的和解，聊过了重新审视亲密关系，也聊过了探索社会角色，这里就不再赘述了。

我希望阅读至此的朋友们有一个意识，除了我们自身在心理上进行疗愈和成长，我们还可以去承担一个非常重要的任务，就是所有女性联合起来，共同推动社会进步。至少从以下三个方面去推动：职场平等权利、性权利和生育决定权。这些权利，在每天细微的生活中影响着我们。

先来看职场平等权利。

在之前的内容中跟大家聊过，据调查统计，同等岗位、同等资历的人，男性平均工资比女性高出22%，也就是说同工不同酬。当然这是一个平均数字，有可能在不同的城市或者企业有不同的体现。但有能力的女性是否能够在酬劳上被平等对待,是需要女同胞去争取的。

当然,职场的平等权利不仅如此,还包括同等的晋升权利,以及最基础的工作权利。

这样的现象司空见惯：你在面试的时候,对方总是有意无意地问你,你是单身吗？什么时候考虑结婚？你是已婚吗？什么时候考虑生孩子？你现在已经有一个孩子了,你是否有生二胎三胎的计划,打算在什么时候完成？当然用人单位有他们的考虑,但似乎以上这些都计入了雇用一位女性员工的用工成本当中。

除去这些不说,如果你顺顺利利地进入公司了,也跟男性同工同酬了,在职场上还有一些忽明忽暗的潜规则。我曾经听一位男性抱怨过,说有一些女性,因为性别优势,可能得到了她本不应该得到的职位,也获得了本不属于她的资源,所以他认为性别实在太不平等了。我当即为他点赞叫好。因为性别平等的确是应该对男人女人都一样。通过某些不平等的手段去获得异于他人的资源和优势,那本身就破坏了平等,无论这个人是男是女。

再来看性权利。

职场和性这两个话题连起来,我们就很容易想到了职场的性骚扰。讲到这个话题,我也就自然联想到了如火如荼的"Me Too"运动,即由美国的一位模特发起的对职场性骚扰现象的揭露。但也由于这个运动过于如火如荼,在国外遭到了一些诟病。因为我们对性骚扰的定义无法特别明确,有的人在职场上确实受到了身体上的伤害,有的人受到了言语上的伤害,也有人可能会更轻微一些,所以就会有相当多的人指出来,说女性对性骚扰的问题反应过度。这就像在国内，当有一些人刚想为女性发声的时候，很快就有很多人说，你们这是女权。

为什么是这样呢？究其原因，在一定程度上，就是因为长期受到压抑和不平等，所以在触底反弹的时候，会表现出过于激动、非理性，于是就走到了另一个极端，好像又形成了一种性别对立的现象，这也是一种不平等。

所以对于性骚扰的拒绝，我们首先需要建立保护自己的意识，然后有理有据地去拒绝、去争取权利。

提到性，中国女性还普遍有性压抑的问题。如果一个女人主动提及性需求，无论她是单身还是已婚，可能都会伴随着一种羞耻感。前面已经分析了这些羞耻感的来源。这些羞耻感对女性想要充分体验生活的美好，真的是具有杀伤性的。

我遇到很多形婚案例，就是在单身阶段抱着守身如玉的态度进入婚姻，婚后不理解为什么自己没法生孩子。当然，这样的案例是个别的。但是，因为过度遵守某些社会的原则和教条而让自己无法充分去了解对方甚至了解自己，这样的女性真的不少。有的时候好像是拿自己最珍贵的东西去做赌注，以这样的态度进入婚姻。

已经在婚姻里的女性就更不用说了。有多少女性是为了完成任务而强迫自己去配合伴侣进行性生活的。甚至很多女性患有性交疼痛，或者是在生理期，她们都没办法把"不"字说出来。而令我非常心痛的是，她们可以在咨询室里跟我哭作一团说出这样的委屈，但在床上却没办法向她的老公启齿。甚至很多女性朋友在遇到类似体验不好等问题的时候，总是会本能地首先想到自己有问题。

我建议在性方面有障碍或者总是感觉到性不和谐的朋友们，要多听多看，多参加一些性方面的课程。就像这本书会带给你很多新的认识一样，其实很多问题都是认知层面的，当你打开一扇窗的时候，你可能突然就会理解自己，那么多年的痛苦，原来只是源于自己的无知。

最后来看生育决定权。

虽然国家鼓励生二胎三胎，但是连年的人口出生率并没有大增。要不要生孩子始终是你自己的权利，就像你想过怎样的人生一样，完全取决于你自己。

我看到很多母亲会催自己的女儿生孩子，理由只是：我还年轻，我可以帮你带孩子。虽然这是一个非常现实的理由，但是难道生命的意义就在于复制另外一个生命吗？在你决定要生孩子之前，不妨问自己一个问题，你是你母亲的复印件吗？如果你觉得你已经是母亲的2.0版本，活出了比母亲更精彩的人生，同时你也做好了准备，准备一个3.0的生命来到你的世界，那当然哺育一个孩子会非常具有成就感。

无论女性自己的学历、职场成就如何，我们很多朋友在考虑是否生孩子的这个问题上都依然会受制于环境。最典型的现象是，身边人都在劝你生孩子，在自己并不愿意的情况下，就遵从了别人的想法。

我给大家一个鉴定的标准，你可以去看一下，你身边对你说教、让你生孩子的人，他们自己生活得怎么样。就像我一直跟单身的女性朋友们说，那些催你结婚的人，他们自己生活得幸福吗？如果过得很好，生活得很幸福，那很棒，你可以有非常好的模仿和参考例子，来向他们学习。但如果不是，那你为什么要听他们的呢？

这里，我还是想强调一下，女性要帮助女性。

我们知道，在社会上还有很多的厌女现象。大家知道吗？厌女现象的很大一部分人群是女性本身。

比如说某一个新闻出来了，总有人在不了解事实真相的情况下就站在男性一边去声讨女性。比如新闻的评论里说，女人贪慕虚荣，这个女人一定是因为求财不得才诬陷男人。每次我看到这样的新闻，都会特意点进去看一下，不出所料，热评的前几名几乎都是女性，而她们也都说着贬低女性的话。但我并不觉得她们是真的恶意地存心贬低女性，只是活在一种被社会的刻板教条深深教化的状态当中，她们用一种简单的思维做直接反应，而不去思考：我这样想是不是有什么问题？

同时我们也要警惕整个文化背后的消费主义陷阱。平时我们走在地铁里，打开电视机，打开网络上的新闻，要去辨别扑面而来的那些广告词，那些声音动画所传递出来的信息里面，有多少是为女性发声，有多少是在利用女性？如果一个广告向你传递的是一个女人只有温良恭俭让才能获得一个幸福的伴侣，并给你推送了一款拖把，也许你能够意识到这时你是不舒服的；如果一个广告拼命鼓吹女人独立有多么重要，同时推送了一款名牌包包，你会意识到这也是消费主义陷阱吗？我们要警惕生活当中那些无所不在的文化对我们的洗脑。永远记住一句话，我们的成长是为了让我们自己有选择的权利，而不是让我们只活成一个样子。

各位女性朋友们，不知道阅读完整本书以后，你心里有什么样的感觉，希望这些内容，可以让你从社会、心理、生理等方面，更好地理解作为一个女性是如何走到了今天。如果你感觉到有一点收获，希望你可以将此书介绍给你的女性朋友们，让更多人受益，或者把你收获的新理念向你身边的女性朋友传播。如果你具有一定的社会影响力或者从事一些文化创作工作，我也诚意邀请你将更多的女性权利方面的意识植入你的作品，传播出去。

只有女性帮助女性，我们才能推进真正的平等。

希望我们所有的女性都能看到自己的价值，也能向这个世界柔和而坚定地发出自己的声音！